Periodic table

- 固体
- 液体
- 気体（常温・常圧における単体の状態）

10	11	12	13	14	15	16	17	18
								2 He ヘリウム 4.003
			5 B ホウ素 10.81	6 C 炭素 12.01	7 N 窒素 14.01	8 O 酸素 16.00	9 F フッ素 19.00	10 Ne ネオン 20.18
			13 Al アルミニウム 26.98	14 Si ケイ素 28.09	15 P リン 30.97	16 S 硫黄 32.07	17 Cl 塩素 35.45	18 Ar アルゴン 39.95
28 Ni ニッケル 58.69	29 Cu 銅 63.55	30 Zn 亜鉛 65.38	31 Ga ガリウム 69.72	32 Ge ゲルマニウム 72.63	33 As ヒ素 74.92	34 Se セレン 78.97	35 Br 臭素 79.90	36 Kr クリプトン 83.80
46 Pd パラジウム 106.4	47 Ag 銀 107.9	48 Cd カドミウム 112.4	49 In インジウム 114.8	50 Sn スズ 118.7	51 Sb アンチモン 121.8	52 Te テルル 127.6	53 I ヨウ素 126.9	54 Xe キセノン 131.3
78 Pt 白金 195.1	79 Au 金 197.0	80 Hg 水銀 200.6	81 Tl タリウム 204.4	82 Pb 鉛 207.2	83 Bi ビスマス 209.0	84 Po ポロニウム —	85 At アスタチン —	86 Rn ラドン —
110 Ds ームスタチウム —	111 Rg レントゲニウム —	112 Cn コペルニシウム —	113 Nh ニホニウム —	114 Fl フレロビウム —	115 Mc モスコビウム —	116 Lv リバモリウム —	117 Ts テネシン —	118 Og オガネソン —

64 Gd ガドリニウム 157.3	65 Tb テルビウム 158.9	66 Dy ジスプロシウム 162.5	67 Ho ホルミウム 164.9	68 Er エルビウム 167.3	69 Tm ツリウム 168.9	70 Yb イッテルビウム 173.0	71 Lu ルテチウム 175.0
96 Cm キュリウム —	97 Bk バークリウム —	98 Cf カリホルニウム —	99 Es アインスタイニウム —	100 Fm フェルミウム —	101 Md メンデレビウム —	102 No ノーベリウム —	103 Lr ローレンシウム —

日本化学会原子量専門委員会で作成されたものである。ただし，元素の原子量が確定できないものは－で示した。

本書の構成と利用法

本書の構成

❶本書は，高等学校『科学と人間生活』教科書（科人705）の基本的な学習事項を着実に理解するための書きこみ式問題集です。学習内容を30以上のテーマに分割し，各テーマを見開き2ページにまとめることで，学習しやすくしました。

❷各テーマは，「学習のまとめ」と「練習問題」で構成されています。

❸「学習のまとめ」の右欄には，プラス＋を設け，補足事項を示しました。「練習問題」の右欄には，必要に応じてヒントを設け，解法の手がかりを記しています。

本書の利用法

学習のまとめ

- 教科書の学習内容にもとづく記述や図表の中に設けられた空欄を埋めていくことで，学習事項を整理できるようにしています。わからないときは，教科書を読み返して記入してください。より効果的に学習できます。

練習問題

- 各テーマの学習内容について，基礎的な知識が身についているかどうかを確認できる問題を取り上げています。学習事項を十分に理解して取り組んでください。
- 知識・技能を培うための問題には 知識 マーク，思考力・判断力・表現力を培うための問題には 思考 マークを付しています。

■学習支援サイト（プラスウェブ）のご案内

下記のサイトに，本書の学習を振り返るための「Self Check」を設けています。スマートフォンやタブレット端末などを使って，データをダウンロードすることができます。

https://dg-w.jp/b/3880001

【注意】コンテンツの利用に際しては，一般に，通信料が発生します。

目次

Contents

序章 科学技術の発展

教科書 前見返し～p.11

学習のまとめ

1. 情報伝達技術の発展

1 印刷技術の発展

([1]　　　　　　　　　)は，15世紀半ば，活版印刷技術を開発し，大量印刷に成功した。これによって([2]　　　　　)が普及し，情報の伝達速度は飛躍的に速まった。現在の印刷技術は，コンピュータのはたらきによって多くの工程が省かれ，デジタルの情報を直接印刷できるまでに発展している。

2 電話機の発明

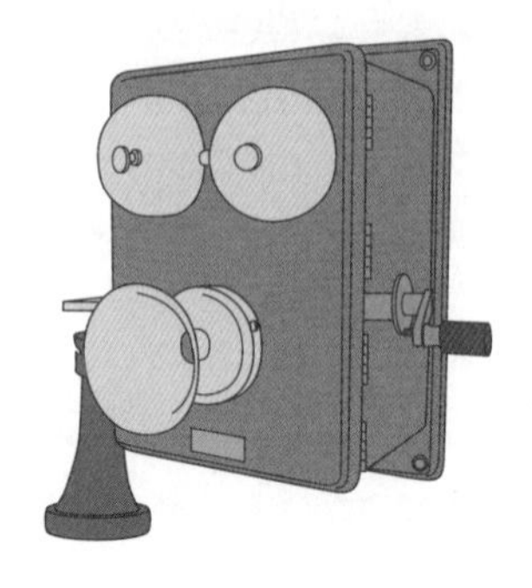

電話機は，音波(声)を([3]　　　　　　)に変え，電線を通った(3)を再び音波に変える装置である。実用的な電話機は，1876年，([4]　　　　　　)によって発明された。

3 無線通信の成功

電磁波の存在が確認されたことを受けて，([5]　　　　　　　　　)は，無線通信を試み，自作の装置で実験を行った。彼は，1901年，イギリスのコーンウォールから送信した信号を，([6]　　　　　　)を隔てたカナダのニューファンドランドで受信することに成功し，長距離無線通信の礎を築いた。

プラス＋
電気と磁気の振動が空間を伝わる波を電磁波といい，光や電波などがこれにあたる。

4 ラジオ放送・テレビ放送の開始

【ラジオ放送】([7]　　　)世紀を迎え，電子技術が進歩すると，ほぼ単一の周波数の電磁波をつくることができるようになり，また，さまざまな周波数の電磁波を検出する受信機も発明された。こうした技術の進歩によって，各放送局がそれぞれ異なる周波数の電磁波を発信し，聴衆は，その周波数を選んで受信するラジオ放送が可能となった。

【テレビ放送】ロシアのロージングは，1911年，([8]　　　　　　　)を用いた画像の受信装置を発案した。また，1926年には，日本の([9]　　　　　　　)がブラウン管テレビを開発し，「イ」の文字を画像として表示することに成功している。彼は，その後，テレビ放送の実現を目指して，受信機の開発に従事し，

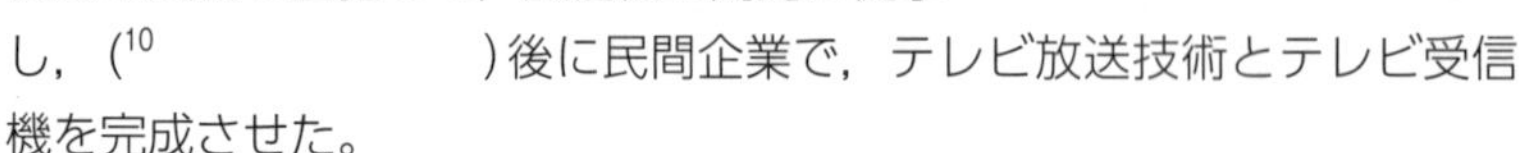

([10]　　　　　　　)後に民間企業で，テレビ放送技術とテレビ受信機を完成させた。

プラス＋
波が伝わるとき，1秒間に振動する回数を周波数という。周波数は，波の性質に関わる量である。

プラス＋
本格的なラジオ放送は1920年以降にスタートし，テレビ放送は，1941年，アメリカではじまった。

プラス＋
高柳健次郎は，「テレビの父」とよばれている。

5 インターネットの広がり／6 携帯電話の普及と進歩

【コンピュータの普及】 20世紀に入り，コンピュータが開発された。半導体技術が進歩し，中央演算処理装置(CPU)が小型化されると，コンピュータも小型化された。1980年代以降には，個人でも使用できるコンピュータが，(11　　　　　　　　　　　　　)として普及した。

【インターネットの普及】 アメリカ国防総省は，1969年，アメリカ国内の，4つの大学や研究機関を接続するネットワークをつくった。これが，世界的な規模で相互接続したものが(12　　　　　　　　　)である。

電子工学が発展し，携帯電話が開発された。携帯電話は，その後，小型化，高性能化が飛躍的に進み，1990年代には，インターネットにも接続できるようになった。

プラス＋
わが国ではじめて発売された携帯電話は，肩にかけてもち運ぶタイプのものである(1985年)。

7 AI／8 IoT の時代

コンピュータの高機能化に伴い，人工知能の研究が進められている。人工知能は(13　　　　　　　)とよばれる。また，近年，テレビやエアコン，自動車などの「もの」がインターネットに接続されるようになってきた。これを(14　　　　　　　　　　　　　)という。

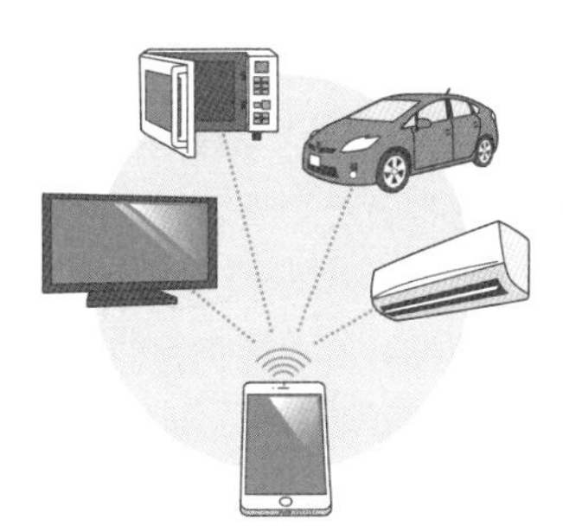

2. エネルギー資源の活用と交通手段の発展

1 人類が利用してきたエネルギー

人類は，火による熱のエネルギーを古くから利用してきた。その後，農耕が行われるようになると，風車や水車を使って，風力や水力が利用されるようになった。18世紀の(15　　　　　　　)がおこるまで，人類は，おもに自然現象によって得られるエネルギーを使用していた。

プラス＋
エネルギー資源として消費されている石油や石炭，天然ガスなどは，化石燃料とよばれる。

2 蒸気機関の開発／3 石炭の大量消費

(16　　　　　　　　　)は，1712年，鉱山の湧き水をくみ出すために，蒸気機関を動力源とするポンプを製作した。しかし，この蒸気機関は，効率が悪かった。(17　　　　　)は，1769年，従来の蒸気機関を改良し，効率のよい蒸気機関を新たに開発した。

蒸気機関の利用例には，スチーブンソンの(18　　　　　　　　)や，フルトンの蒸気船などがある。人や物の大量輸送を可能にする大型動力の導入は，産業革命の原動力となった。また，蒸気機関の普及によって，燃料である石炭の大量消費がはじまった。

プラス＋
くり返し熱を仕事に変換する装置を熱機関といい，水蒸気を利用した熱機関を蒸気機関という。

4 ガソリンエンジンの発明

オットーは，1876年，内燃機関の(19　　　　　　　　　)を開発した。その後，ダイムラーは，これを改良してガソリンエンジンをつくり，二輪車や馬車に取りつけた。(20　　　　　　)は，1885年，ダイムラーとは別にガソリンエンジンを改良し，三輪自動車を製作した。

プラス＋
燃料の燃焼で生じた高温・高圧のガスを使用した熱機関を内燃機関という。

5 石油の大量消費／6 エネルギー資源の有効利用

自動車が普及し，さらに，ガソリンなどで動くエンジンを積んだ飛行機が開発されると，燃料である石油が大量に消費されはじめた。

【石炭・石油の利用】 石炭は，家庭用の暖房や，鉄の製錬などにも利用されていった。また，石油は，化学工業の発展に伴って，エネルギー源としてだけでなく，([21] ）や化学繊維など，さまざまな化学製品の原料としても用いられるようになった。

化石燃料の大量消費に伴って，その枯渇や，環境の悪化が問題視されるようになった。そのため，化石燃料の代替として，核エネルギーのほか，太陽光・地熱・風力などの再生可能エネルギーが利用されるようになってきた。

プラス＋
鉱石に化学的な処理を施して金属を取り出す工程を製錬という。

プラス＋
新しいエネルギー資源の開発のほか，エネルギーを効率よく活用する技術の開発も進められている。

7 高速鉄道とジェット旅客機の開発／8 宇宙への旅

【鉄道の発達】 電気エネルギーから動力を得る([22] ）が発明されると，鉄道の主役は，蒸気機関車から，電気機関車に替わっていった。わが国では，1964年(昭和39年)に，東京－新大阪間を最高速度200km/h で走行する([23] ）が開通した。

【飛行機の発達】 アメリカの([24] ）は，1903年，人類初の動力飛行に成功した。飛行機は，第一次世界大戦中に大きく発達し，大戦後の1919年には，旅客機として利用されるようになった。

1937年に，([25] ）が開発されると，1950年代には，ジェット旅客機の運行がはじまった。

航空力学や熱力学などの進歩は，宇宙船によって，物や人類を宇宙空間まで運ぶことを可能にした。

最初の([26] ）は，1957年，ソ連で打ち上げられたスプートニク1号である。一方，アメリカは，1969年，アポロ11号によって，人類を初めて([27] ）に送り，帰還させた。

その後，スペースシャトルなどの，くり返し利用できる宇宙船も開発された。2011年には，([28] ）が完成し，宇宙空間でのさまざまな研究や実験が行われている。

プラス＋
「ソ連」はソビエト社会主義共和国連邦の略称。1961年には，初の有人宇宙飛行を成功させている。1922年に建国され，1991年に解体された。

プラス＋
スペースシャトルは，2011年に退役した。

9 日本の宇宙開発

わが国においても，宇宙ロケットの開発を目指して，さまざまな研究や実験が重ねられてきた。現在では，数トンの衛星を打ち上げることのできる([29] ）が開発され，運用されている。

このロケットは，国際宇宙ステーションへの物資の補給のほか，気象衛星をはじめとする([30] ）衛星や，カーナビゲーションなどに使用されるGPS衛星の打ち上げにも使われている。今後は，月面への物資輸送に利用することも考えられている。

3. 医療技術の発展

1 医学のおこり

「医学の始祖」とされる古代ギリシャの医師，(31　　　　　　　　)は，病人を診察した結果から病気の原因を導き，医療を行った。彼は，ヒトが 4 つの体液をもつとする(32　　　　　　　　)を唱えた。

プラス＋
ヒトが 4 つの体液(血液，黄胆汁，黒胆汁，粘液)をもつとする説は，中世まで信じられた。

2 外科学の進歩

【血管結さつ法の開発】 従軍医であった(33　　　　　)は，切断面の血管を糸でくくって止血する方法(血管結さつ法)を開発した。この方法によって，手足の切断手術は，失血死に至ることなく行われるようになった。(33)は，「近代外科学の祖」とよばれている。

【全身麻酔法の開発】 薬物による初めての全身麻酔手術は，1804年，わが国の(34　　　　　　　　)によって行われた。(35　　　　　　　　)やクロロホルムの吸引による本格的な全身麻酔法は，19世紀半ばに広まり，外科医療技術を飛躍的に進歩させた。

【消毒法の開発】 消毒法の開発は，産褥熱(さんじょくねつ)の研究から始まった。医師のホームズは，1842年，産褥熱が伝染性の疾患(しっかん)であり，医師が媒介していると発表した。その後，(36　　　　　　　　)も，不潔な医師の手が産褥熱を引きおこすことに気づき，1847年，勤務していた病院で，塩素水による手の消毒を実行した。

最初に消毒法を開発したのは，(37　　　　　　　　)といわれている。彼は，パスツールの発酵や腐敗の研究に関する論文を読み，傷の化膿も，腐敗と同様に微生物の作用によっておこると考えた。

プラス＋
産褥熱は，分娩の際に生じた傷から体内に細菌が侵入しておこる疾患であり，発熱を伴う。

3 DNA の構造の解明と医学の発展／4 遺伝子操作と医療

遺伝子の本体である(38　　　　　　)の分子構造は，1953年，ワトソンとクリックによって明らかにされた。その結果，遺伝情報にもとづいてタンパク質が合成されるしくみや，細胞内における遺伝子のはたらきが明らかになり，微生物を用いた医薬品の合成などが可能になった。

ヒトの遺伝情報は，2003年までにほぼすべて解読された。現在，個々人の遺伝情報を分析し，(39　　　　　　　)操作の技術を利用して，病気の治療や予防を行うオーダーメード医療の研究が進められている。

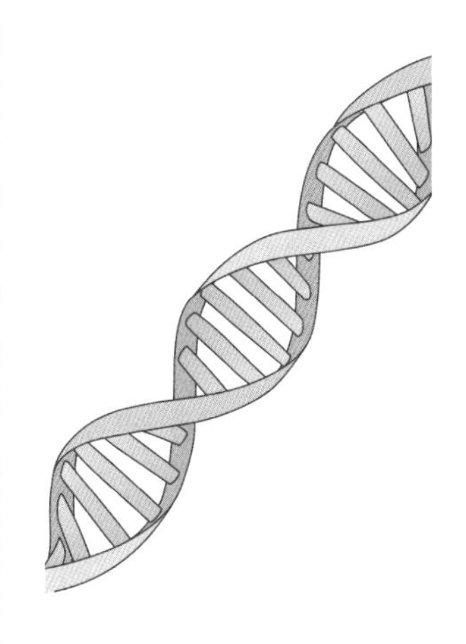

5 移植医療と再生医療

臓器移植は，(40　　　　　　　　)を引きおこす場合が多く，移植後は，(40)を抑える薬を服用しなければならない。現在では，この薬を必要としない移植医療の研究が盛んに行われている。

機能が著しく低下，あるいは欠損した組織や器官を回復させる医療を再生医療という。現在，ヒトの細胞を培養して組織や器官をつくり，それを移植する治療法も研究されている。

プラス＋
さまざまな細胞に変化する能力をもつ細胞を，ヒトの皮膚の細胞から作成する方法が発見され，再生医療への応用が期待されている。この細胞を iPS 細胞といい，発見者の山中伸弥博士は，2012年，ノーベル生理学・医学賞を受賞した。

●教科書 p.20～21

1 プラスチックの特徴

学習のまとめ

1 プラスチックの発展

プラスチックの先駆けは，20世紀のはじめに([1]　　　　　　　)が開発した([2]　　　　　　　)とよばれる，松ヤニに似た物質である。現在では，さまざまなプラスチックが開発され，容器や包装用品，電気機器，家具，文房具などの素材として，広く利用されている。

プラス＋
フェノール樹脂は，開発者の名にちなみ，ベークライトともよばれる。

2 素材としてのプラスチック

プラスチックは，([3]　　　　)や木材に比べて軽く，腐食しにくい。また，([4]　　　　)や接着が容易で，大量生産することもできる。

プラス＋
一般に，プラスチックは熱に弱く，日光によって変質しやすい。

素材	密度	腐食のしやすさ	熱に対して
プラスチック	([5]　　　)	([6]　　　　　　)	([7]　　　)
金属	大	腐食しやすい	強い
木材	小	腐食しやすい	比較的強い

3 プラスチックの原料

プラスチックは，([8]　　　　)でくみ上げられた([9]　　　　　)を原料としてつくられる。(9)は，右図のような蒸留塔で加熱され，沸点の違いを利用して，いくつかの成分に分離される。このような分離操作を([10]　　　　)という。(10)によって，沸点の低い方から順に，([11]　　　　　)，ナフサ，灯油，軽油，残査油などが得られる。

(11)の主成分はプロパンである。(11)やナフサからは，プラスチックの原料となる([12]　　　　　)やプロピレンなどが得られる。

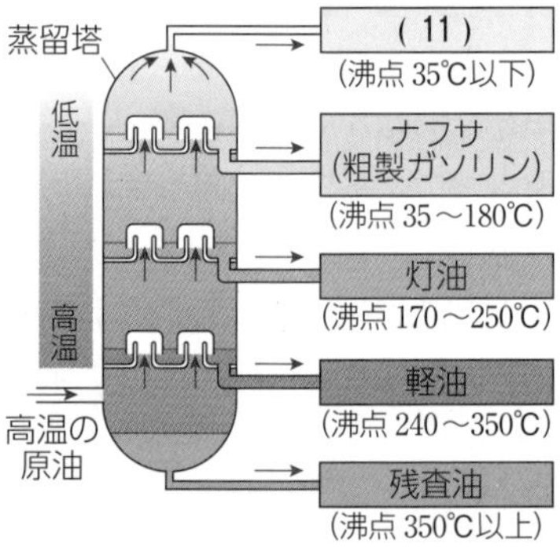

蒸留塔
低温
高温
高温の原油
(11)
(沸点35℃以下)
ナフサ(粗製ガソリン)
(沸点35～180℃)
灯油
(沸点170～250℃)
軽油
(沸点240～350℃)
残査油
(沸点350℃以上)

4 プラスチックの成分

プラスチックやその原料となる物質は，おもに([13]　　　　)原子と水素原子を含む([14]　　　)からできている。このような(13)原子を骨格とする物質を([15]　　　　)という。(13)原子は([16]　　　)結合によって，他の原子と多様なつながり方をするため，(15)の種類はきわめて多い。

非常に多くの原子が結合してできた分子を([17]　　　　　)という。ポリエチレンは，下図のようにエチレンの二重結合が切れて([18]　　　)重合してできた高分子からなるプラスチックである。

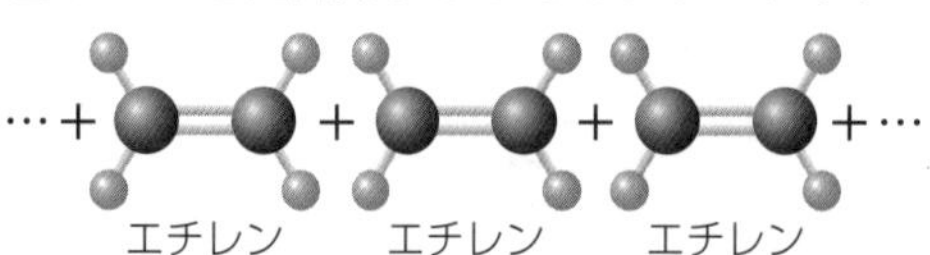

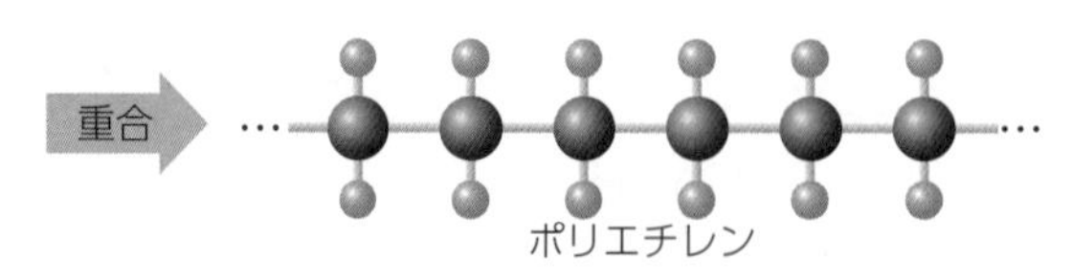

プラス＋
ポリプロピレンもポリエチレン同様に，プロピレンの二重結合が切れて，付加重合によってつくられる。

練習問題

学習日：　　月　　日／学習時間：　　分

知識

1. プラスチックの発展

次の文中の(　　)内にあてはまる語句を下の語群から選び，記号で答えよ。

最初のプラスチックは，(　1　)に似た物質のフェノール樹脂であり，(　2　)世紀のはじめに，アメリカの(　3　)によって開発された。フェノール樹脂は，開発者の名にちなみ，(　4　)ともよばれる。

【語群】
(ア)　ガラス　(イ)　松ヤニ　(ウ)　ベークライト
(エ)　19　(オ)　20　(カ)　21
(キ)　フェノール　(ク)　ベルギー　(ケ)　ベークランド

1 まとめ 1

(1)

(2)

(3)

(4)

知識

2. 素材としてのプラスチック

次の①～④の記述のうち，プラスチックの特徴として誤っているものを1つ選び，番号で答えよ。

①金属や木材と比べて軽く，腐食されにくい。
②金属や木材と比べて成形や接着が容易で，製品を大量生産できる。
③かつては金属や木材を素材とした製品であったものが，プラスチックを素材とする製品に代わったものがある。
④金属や木材に比べて熱や日光に強い。

2 まとめ 2

ヒント　プラスチックは，日光によって変質しやすい。

知識

3. プラスチックの原料

プラスチックの原料であるエチレンやプロピレンは，次のような流れで石油(原油)から得られている。下の各問いに答えよ。

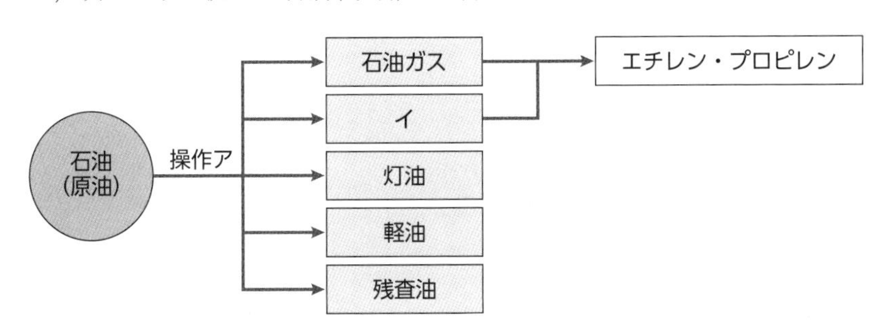

(1)　沸点の違いを利用して原油を各成分に分離する操作アを何というか。
(2)　イの石油成分を何というか。

3 まとめ 3

(1)

(2)

知識

4. プラスチックの成分

次の物質のうちから，有機物ではないものをすべて選び，記号で答えよ。ただし，(　　)内は含まれる原子の種類である。

(ア)　木材(炭素，水素，酸素など)
(イ)　プラスチック(炭素，水素)
(ウ)　ガラス(ケイ素，ナトリウム，酸素，カルシウム)
(エ)　金属(銅)
(オ)　エチレン(炭素，水素)

4 まとめ 4

思考 記述

5. 有機物の種類

有機物の種類がきわめて多いのはなぜか。

まとめ 4

●教科書 p.22〜27

プラスチックの分類と用途(1)(2)／さまざまなプラスチック

学習のまとめ

1 プラスチックの燃焼

プラスチックは，炭素や水素などからなり，燃焼すると，二酸化炭素や水を生じる。炭素の割合が多いものの燃焼では，多量の(1　　　　　)が発生する。また，ポリ塩化ビニルのような，(2　　　　　)を含むプラスチックを加熱すると，酸性の気体である塩化水素が発生する。

このように，プラスチックを加熱・燃焼させることによって，その構成元素を知ることができる。

2 熱可塑性樹脂と熱硬化性樹脂

(3　　　　　　　　)……加熱によってやわらかくなり，冷却するとかたくなる。長い(4　　　　)の高分子からできているものが多い。加熱によって成形しやすくなる。

(5　　　　　　　　)……合成するときの反応が加熱によって進み，しだいにかたくなる。(6　　　　　　)の構造をとり，加熱しても，(3)のようにやわらかくならない。

	プラスチックの例	用途
(3)	ポリエチレン，ポリプロピレン， ポリスチレン，ポリ塩化ビニル， ポリエチレンテレフタラート(PET)， ナイロン	ふくろ，容器(ポリエチレン)， 玩具(ポリプロピレン)， 飲料用容器(PET)　など
(5)	フェノール樹脂， ユリア樹脂， メラミン樹脂	ブレーカー(フェノール樹脂)， 合板の接着剤(ユリア樹脂)， 食器(メラミン樹脂)　など

3 特別な機能をもつプラスチック

プラスチック	機能	用途
(7　　　　　　)	500〜1000倍の重さの水を含むことができる。	紙おむつ， 土壌の保水剤
導電性樹脂	電気を導く。	電池の電極材料， タッチパネル
(8　　　　　　)	透明度が高く，光をよく通過させる。	光学用レンズ， コンタクトレンズ
光硬化性樹脂	光の照射でかたくなる	歯の治療用充填剤
ポリカーボネート	きわめてかたく，熱や摩擦に強い。	DVDやブルーレイのディスク

4 環境への影響が小さいプラスチック

(9　　　　　　　　　　)……微生物によって二酸化炭素と水に分解されやすいプラスチック。

【例】ポリ乳酸　　【用途】容器の素材，農業用ハウスのフィルムなど

プラス＋
プラスチックを燃焼させると，多量の熱が発生するため，有毒な窒素酸化物を生じたり，焼却炉を劣化させたりする。

プラス＋
熱可塑性樹脂は，繊維状に加工され，合成繊維としても利用される。

プラス＋
熱硬化性樹脂は，耐熱性や耐薬品性にすぐれている。

プラス＋
高吸水性樹脂の微細なすき間では，陽イオンと陰イオンが結合している(イオン結合)。水を吸収すると，電離した陽イオンと陰イオンがそれぞれ水分子を引き寄せ，高吸水性樹脂は多量の水分子を含むことができる。

プラス＋
ポリ乳酸は，デンプンの発酵によってつくられた乳酸を重合させて得られる。

知識

6. プラスチックの加熱　あるプラスチックの小片を試験管に入れて加熱し，湿らせた青色リトマス紙を試験管の口に近づけると，赤色に変化した。このプラスチックは何か。次の①～⑤から選び，番号で答えよ。

①ポリエチレン　②ポリスチレン　③ポリプロピレン
④ポリ塩化ビニル　⑤ポリエチレンテレフタラート

6　→まとめ 1

探究　知識

7. プラスチックの分類と用途　次の文を読んで，下の各問いに答えよ。

ポリ袋に使われる(　1　)や飲料用容器に使われる(　2　)は，熱可塑性樹脂で，加熱によってやわらかくなり，冷却すると(　3　)。

これに対して，食器などに使われる(　4　)は熱硬化性樹脂であり，加熱してもやわらかくならない。

(1)　(　　)内にあてはまる語句を次の語群から選び，記号で答えよ。
　(ア)　ポリスチレン　(イ)　ポリエチレン　(ウ)　ナイロン
　(エ)　ポリエチレンテレフタラート　(オ)　メラミン樹脂
　(カ)　フェノール樹脂　(キ)　やわらかくなる　(ク)　かたくなる

(2)　加熱によって成形しやすくなるのは，熱可塑性樹脂，熱硬化性樹脂のどちらか。

7　→まとめ 2

7	
(1) 1	
2	
3	
4	
(2)	

知識

8. 特別な機能をもつプラスチック　次の(1)～(4)の性質をもつプラスチックを下の(ア)～(オ)から選び，それぞれ記号で答えよ。

(1)　電気を導き，軽量な電池の電極材料に利用される。
(2)　透明度が高く，光学用レンズやコンタクトレンズに利用される。
(3)　多量の水を吸収できる性質をもち，紙おむつなどに利用される。
(4)　エンジニアリングプラスチックとよばれるプラスチックで，きわめてかたく，熱や摩擦に強い。DVD などのディスクに利用される。
　(ア)　光硬化性樹脂　(イ)　光透過性樹脂　(ウ)　導電性樹脂
　(エ)　高吸水性樹脂　(オ)　ポリカーボネート

8　→まとめ 3

8	
(1)	
(2)	
(3)	
(4)	

知識

9. 環境への影響が小さいプラスチック　次の文中の(　　)内にあてはまる語句を記入せよ。

ポリエチレンなどのプラスチックは，一般に，微生物などによって分解されにくいため，自然界に廃棄すると，環境に与える影響が(　1　)。

これに対して，ポリ乳酸でつくられた容器などは，自然界に廃棄すると，微生物によって最終的に(　2　)と水に分解されるため，環境への影響が(　3　)。ポリ乳酸のようなプラスチックは，(　4　)とよばれる。

9　→まとめ 4

9	
(1)	
(2)	
(3)	
(4)	

思考　記述

10. 熱硬化性樹脂の性質　熱硬化性樹脂を加熱しても，やわらかくならないのはなぜか。構造の観点から説明せよ。

→まとめ 2

●教科書 p.28～29

金属と人間生活

学習のまとめ

1 金属の利用の歴史

人類が最初に利用した金属は，天然に産する金や銀，銅であり，装飾品や祭器などとして利用された。その後，([1]　　　　)技術が進歩すると，鉄鉱石から得られる鉄が，武器，農耕具などとして利用されるようになった。やがて，([2]　　　　)エネルギーを利用した(1)技術も開発され，アルミニウムなどの金属が身近な製品の材料として用いられていった。現在，最も多く生産されている金属は鉄である。

プラス＋
鉄と同様に，銅を銅鉱石から得る技術も進歩した。

2 金属の性質

金属は，特有の([3]　　　　　)を示す。ほとんどの金属は銀白色の光沢であるが，金や銅のように，特有の色の光沢を示す金属もある。

通常の金属は，常温で固体であるが，([4]　　　　)のように，常温で液体のものもある。

水銀

金属は，たたいて広げることのできる([5]　　　　)という性質と，引き延ばして線にすることができる([6]　　　　)という性質がある。また，熱伝導性や([7]　　　　　　　　)にすぐれており，さまざまな製品に利用されている。たとえば，銅やアルミニウムなどの金属は，すぐれた熱伝導性を利用して，調理器具に用いられる。また，銅やアルミニウムは(7)にすぐれており，電線としても用いられている。

金属は，同じ部分で変形を繰り返すと，折れたり裂けたりする。このような現象は金属疲労とよばれる。

性質の名称	利用例
(5)	各種金属の箔
(6)	各種金属の針金
熱伝導性	金属製の調理器具
(7)	電化製品などの電線

プラス＋
1gの金は，たたいて広げると面積約1m²の箔にすることができ，3kmの線に伸ばすことができる

3 金属結合

金属を構成する原子は，それぞれが電子を放出し，これを全体で共有して集まっている。放出された電子は，特定の原子間に固定されず，金属の中を自由に動くことができる。この電子を([8]　　　　　)といい，正の電気を帯びた金属原子を互いに結びつけている。このような結合を([9]　　　　　)という。金属の性質は，(8)によって説明される。

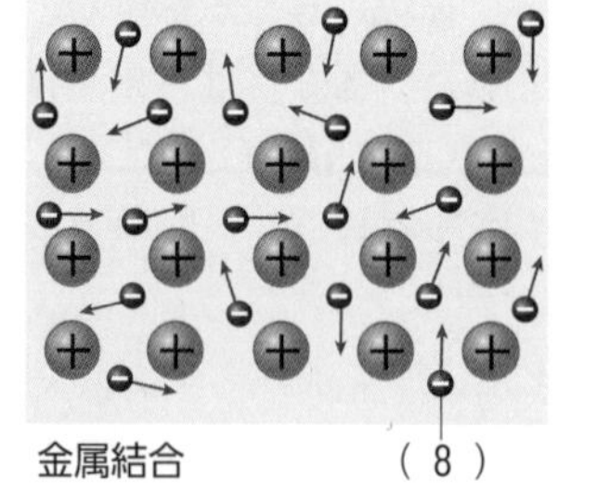
金属結合　　　　(8)

プラス＋
金属がすぐれた熱伝導性や電気伝導性を示すのは，自由電子が熱や電気を伝えるためである。

練習問題

学習日：　　月　　日／学習時間：　　分

知識

11. 金属の利用の歴史　次の(1)～(4)にあてはまる金属を鉄，銅，アルミニウムのうちから選び，名称で答えよ。

(1)　電気エネルギーを利用して製錬され，利用の歴史は最も新しい。

(2)　利用の歴史は金や銀と同様に古く，装飾品や祭器などに利用された。

(3)　製錬に高温を必要としたため，利用の歴史は金や銀よりも少し遅れたが，武器，農耕具などに利用され，社会の発展に貢献した。

(4)　最も多く生産され，身近な材料から建築材料まで広く利用される。

11　→まとめ 1

(1)
(2)
(3)
(4)

知識

12. 金属の性質　次の各問に答えよ。

(1)　文中の(　　)内にあてはまる語句を下の(ア)～(オ)から選び，記号で答えよ。

金属は，特有の(　1　)を示し，多くは常温で(　2　)である。

同じ部分で変形を繰り返すと，多数の小さい亀裂が入り，折れたり裂けたりすることがある。この現象は，(　3　)とよばれる。

(ア)　液体　　(イ)　金属光沢　　(ウ)　金属疲労

(エ)　金属劣化　　(オ)　固体

(2)　次の①～④はそれぞれ金属のどのような性質を利用したものか。

①金箔として使用される。

②調理器具に銅製やアルミニウム製のなべが使用される。

③鉄塔間の送電線にアルミニウム線が使用される。

④集積回路の接続線に金線が使用される。

12　→まとめ 2

(1) 1
2
3
(2) ①
②
③
④

知識

13. 金属結合　次の文中の(　　)内にあてはまる語句を記入せよ。

金属を構成する原子は，それぞれが放出した電子を全体で共有して集合し，金属をつくっている。このような結合を(　1　)という。放出された電子は，特定の原子間に固定されず，金属内を自由に動くことができるため，(　2　)とよばれる。この(　2　)によって，金属の展性や延性，電気伝導性などが説明される。

13　→まとめ 3

(1)
(2)

思考　記述

14. 金属の性質　金属を折り曲げることができるのはなぜか。以下の図をもとに説明せよ。

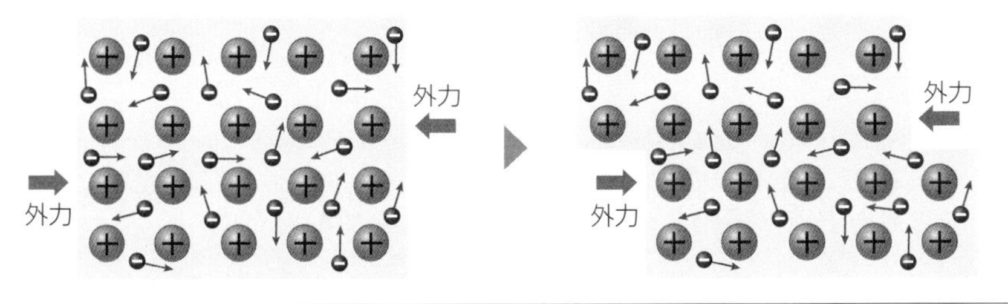

→まとめ 3

●教科書 p.30〜33

金属とその製錬(1)(2)

学習のまとめ

1 身近に利用される金属

金属	性質	利用例
([1]　　)	かたく，丈夫で，磁石に引き寄せられる。湿った空気中ではさびやすく，酸の水溶液に([2]　　)を発生しながら溶ける。	建築材料，管や缶，磁性材料，調理器具
([3]　　)	赤みを帯びた光沢があり，延性，展性，熱伝導性や電気伝導性にすぐれている。塩酸や希硫酸に溶けないが，希硝酸や濃硝酸には溶ける。イオンは，([4]　　)作用を示す。	電化製品の電線，調理器具，排水口のゴミ受け
アルミニウム	軽くてやわらかく，展性や延性，電気伝導性に富む。塩酸や水酸化ナトリウム水溶液には，水素を発生して溶ける。	箔，硬貨，缶，送電線，窓枠，調理器具

2 鉄の製錬

鉱石には，金属が化合物として含まれる。鉱石に化学的な処理を施して金属を取り出す工程を([5]　　)という。

鉄の(5)では，酸化物を主成分とする([6]　　)や磁鉄鉱などの鉄鉱石が用いられる。これらの鉄鉱石を([7]　　)や石灰石とともに([8]　　)炉に入れ，熱風を送ると，酸素が奪われて炭素などを含む鉄(銑鉄)ができる。このように，化合物から酸素を取り除く反応を，一般に，([9]　　)という。

銑鉄を転炉に移して酸素を吹きこむと，炭素の少ない鉄(鋼)ができる。鋼は，炭素の含有率に応じてかたさが異なるため、製品の用途に応じて使い分けられる。

鉄鉱石
石灰石
(　7　)
高炉ガス
熱風
熱風
スラグ
銑鉄
酸素
(　8　)炉
転炉

鋼の名称	軟鋼	硬鋼	鋳鉄
炭素含有率	0.30％以下	0.30〜2％	2％以上
利用例	くぎ	レール	自動車部品

3 アルミニウムの製錬

アルミニウムの鉱石である([10]　　)から酸化アルミニウム(アルミナ)を取り出したのち，高温で溶融したものを電気分解して，純粋なアルミニウムを得る。

プラス＋
酸化アルミニウムの融点は2000℃を超えるが，氷晶石の融解液には容易に溶けるため，酸化アルミニウムを溶かした氷晶石の融解液を電気分解している。

4 銅の製錬

([11]　　)などの銅鉱石を，高温で硫化銅(Ⅰ)に変化させ，転炉中で酸素と反応させて粗銅を得る。粗銅は，金や銀，鉄，ニッケルなどを少量含むため，電気分解を利用して，粗銅から純銅を得る。

このように，電気分解を利用して，金属の純度を高める操作を，([12]　　)という。

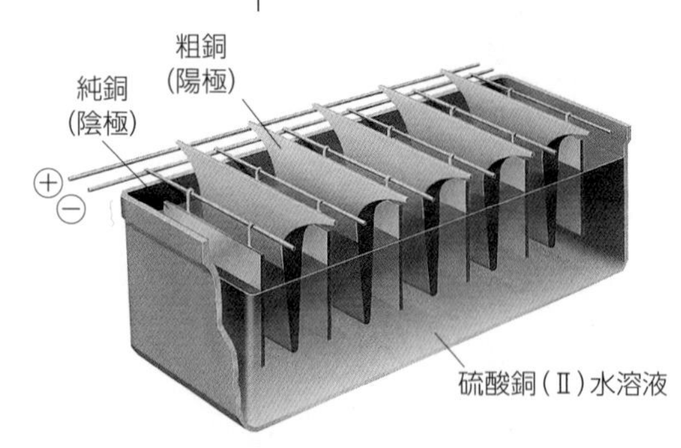

練習問題

学習日：　月　日／学習時間：　分

知識
15. 身近な金属の性質　鉄や銅，アルミニウムの性質について，次の各問いに答えよ。

(1)　次の①～③は，どの金属の説明か。名称で答えよ。

①赤みを帯びており，延性，展性，熱や電気の伝導性がよい。

②軽くてやわらかく，延性，展性，熱や電気の伝導性がよい。

③硬くて丈夫であり，磁石に引き寄せられる。建築材料に用いられる。

(2)　次の記述のうちから銅の性質を選び，記号で答えよ。

(ア)　塩酸や希硫酸と反応して水素を発生する。

(イ)　塩酸や水酸化ナトリウム水溶液と反応して水素を発生する。

(ウ)　塩酸とは反応しないが，希硝酸や濃硝酸と反応して溶ける。

15　→まとめ-1

(1) ①
②
③
(2)

知識
16. 金属の製錬　次の(1)～(3)の金属について，製錬に用いられるおもな鉱石を下の語群からそれぞれ選べ。

(1)　アルミニウム　　(2)　銅　　(3)　鉄

【語群】　赤鉄鉱　　黄鉄鉱　　ボーキサイト　　黄銅鉱

16　→まとめ-234

(1)
(2)
(3)

知識
17. 金属の製錬　次の文を読んで，下の各問いに答えよ。

鉄の製錬では，鉄鉱石を(　1　)(主成分C)や(　2　)とともに溶鉱炉(高炉)に入れ，下部から熱風を吹きこむ。このとき，(1)から生じた(　3　)が鉄鉱石から酸素を奪って鉄を生じる。鉄鉱石に含まれていた不純物は，溶けた鉄の上部に(　4　)となって分離される。得られた鉄は，(　5　)とよばれ，約4.0％の炭素などを含む。(5)を転炉に移し，酸素と反応させて不純物を除くと，0.02～2.0％の炭素を含む(　6　)になる。(6)は，鋼材などに利用される。

アルミニウムの製錬では，ボーキサイトから純粋な(　7　)を得たのち，融解液を(　8　)することで，純粋なアルミニウムを得られる。

銅の製錬では，銅鉱石を溶鉱炉などで反応させ，硫化銅(Ⅰ)をつくって転炉に移し，酸素と反応させて粗銅を得る。この粗銅から(　8　)を利用することによって純銅が得られる。

(1)　文中の(　　)内にあてはまる語句を次の(ア)～(コ)から選び，記号で答えよ。

(ア)　石灰石　　(イ)　スラグ　　(ウ)　一酸化炭素

(エ)　二酸化炭素　　(オ)　コークス　　(カ)　電気分解

(キ)　鋼　　(ク)　銑鉄　　(ケ)酸化アルミニウム　　(コ)　酸化鉄

(2)　文中の下線部のような反応は，一般に何とよばれるか。

17　→まとめ-234

(1) 1
2
3
4
5
6
7
8
(2)

思考　記述
18. 鉄の製錬　鉄鉱石にコークスと石灰石を加えて加熱すると，鉄が生じるのはなぜか。

→まとめ-2

●教科書 p.34～39

金属のさびと合金／資源の再利用(1)(2)

学習のまとめ

1 金属のさびとその防止

鉄や銅を湿った空気中に放置すると，酸素や水などと反応し，鉄では赤褐色のさび(赤さび)，銅では緑色のさび(緑青)を生じる。

金属のさびを防ぐ方法には，塗料を塗る(1　　　　)，ガラスの被膜を焼きつける(2　　　　　)，表面を別の金属の薄膜でおおうめっきなどがある。アルミニウムの場合は，表面に酸化アルミニウムの被膜をつくり，さびを防ぐ。この製品を(3　　　　　　　)という。

プラス＋
金属のさび防止の表面処理には，装飾の意味もある。亜鉛をめっきした鋼板はトタン，スズをめっきした鋼板はブリキとよばれる。

2 合金

ある金属に，他の金属や炭素などの非金属を混ぜ，融解してつくられたものを(4　　　　　　　)という。

合金	おもな成分	おもな特徴	利用例
(5　　　　　　)鋼	鉄・クロム・ニッケル	きわめて(6　　　　　　　)。	流し台，包丁
(7　　　　　)	銅・(8　　　　)	やわらかく，加工しやすい。	硬貨，楽器
(9　　　　　)	銅・スズ	融点が低く，加工しやすい。	古代の鏡，ブロンズ像
ジュラルミン	(10　　　　　　　)・銅・マグネシウム・マンガン	丈夫で軽い。	航空機の構造材料，かばん

3 資源の再利用

使用済みの製品をそのまま再利用することを(11　　　　　　　)，使用済みの製品や廃棄物を一度資源に戻し，新しい製品の原料として再利用することを(12　　　　　　　)という。

【プラスチック】 日本は，石油のほぼ100％を輸入に頼っている。プラスチックの再利用は重要な課題であり，いろいろな取り組みがなされている。

・ビールびんのケース ⟹ リユース、リサイクル。
・飲料容器のPET樹脂 ⟹ 容器の原料，衣料用繊維としてリサイクル。
・廃プラスチック ⟹ 分解して油化し，燃料油とする。

【金属】 アルミニウムなどの金属は，分別回収し，再利用することによって，製錬に要するエネルギーを節約することができる。

・アルミニウム缶のリサイクル ⟹ (13　　　　)％のエネルギーの節約。
・スチール缶のリサイクル ⟹ 65％のエネルギーの節約。

【ガラス】 ガラスの原料は，自然界に豊富に存在するが，ガラスの製造に大量のエネルギーを要するため，ガラスも再利用されている。

回収されたガラスびん
→ 洗浄してリユースする。
→ 破砕してガラス製品の原料とする。
→ 廃ガラスは断熱材や道路舗装に利用する。

プラス＋
石油は，わずかながら新潟県や秋田県などでも産出する。

プラス＋
レアメタルなどの希少な金属は使用済みの電子機器から分離，回収し，再利用する技術が研究されている。

知識
19. 金属のさびとその防止　次の(1)～(4)は，金属のさびを防止するための方法である。指示にしたがって，この方法や，できた製品の名称をそれぞれ答えよ。

(1)　鉄製品の表面にガラスによる被膜を焼きつける。
(2)　鉄製品の表面に塗料を塗る。
(3)　融解した亜鉛に鋼板を浸して引き上げ，鋼板の表面を亜鉛でおおう。
(4)　アルミニウムの表面に酸化アルミニウムの被膜をつくる。

19　まとめ 1

(1) 方法：
(2) 方法：
(3) 方法： 製品：
(4) 製品：

知識
20. 合金　次の(1)～(3)の製品には，一般に，合金が用いられる。あてはまる合金を下の語群【合金】からそれぞれ選べ。また，おもにどのような金属が成分として混ざっているか。それぞれ下の語群【金属】からすべて選べ。同じものを何度選んでもよい。

(1)　楽器　　(2)　銅像　　(3)　流し台

【合金】　ステンレス鋼　　黄銅　　青銅
【金属】　鉄　銅　クロム　亜鉛　スズ　ニッケル

20　まとめ 2

(1) 合金：
金属：
(2) 合金：
金属：
(3) 合金：
金属：

知識
21. 資源の再利用　次の(1)～(3)の容器の再利用について，それぞれあてはまるものを下の(ア)～(エ)から選び，記号で答えよ。

(1)　ビールびん　　(2)　PET 容器　　(3)　アルミニウム缶

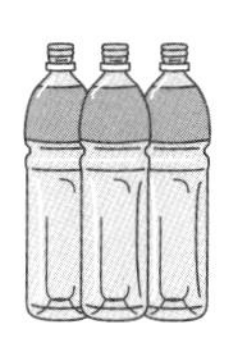
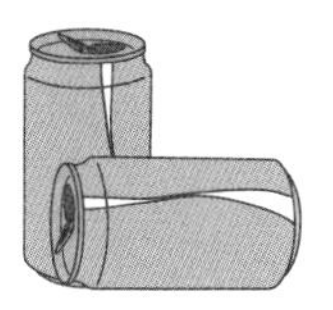

(ア)　再び融解して容器をつくるほか，合成繊維をつくり，利用される。
(イ)　洗浄して再使用するほか，破砕し，再び素材の原料とする。
(ウ)　この金属の再利用によって，約97％のエネルギーが節約できる。
(エ)　この金属の再利用によって，約65％のエネルギーが節約できる。

21　まとめ 3

(1)
(2)
(3)

思考　記述
22. 資源の再利用　日本で，プラスチックを再利用することが重要視されているのはなぜか。

まとめ 3

第1節 材料とその利用

●教科書 p.42〜45

1 身近な繊維／繊維の構造と染色

学習のまとめ

1 繊維の分類

衣服の多くは，布地からなり，布地は，糸を織ってつくられている。糸は，多数の高分子からなる繊維がよりあわされてできている。繊維のうち，植物や動物から得られるものを([1]　　　　　　)，化学反応を利用してつくられるものを([2]　　　　　　)という。

プラス＋
化学繊維のうち，合成繊維は石油を原料にしたもの，再生繊維と半合成繊維は，天然繊維を原料にしたものである。

繊維の種類		繊維の名称	生産比率(日本，2017年)
(1)	植物繊維	木綿，麻	6.7％
	([3]　　　　　)	羊毛，絹	1.7％
(2)	([4]　　　　　)	ポリエステル，ナイロン，アクリル繊維	86.9％
	([5]　　　　　)	ビスコースレーヨン，銅アンモニアレーヨン(キュプラ)	4.7％
	半合成繊維	アセテート	
	無機繊維	炭素繊維，ガラス繊維，金属繊維	※比率の計算からは除いている。

2 繊維の性質

繊維は，([6]　　　　　)に強く，軽くてやわらかい。繊維を素材とする布地は，繊維の間に多くの([7]　　　　)を含むため，高い断熱効果を示す。

繊維は，一般に，([8]　　　)に弱く，燃えやすいものが多い。また，繊維の構成成分によって，燃え方やそのときのにおいが異なる。

プラス＋
ビスコースレーヨンと銅アンモニアレーヨンを，一般に，レーヨンと総称する。

プラス＋
木綿や絹を燃やすと，それぞれ紙や毛を燃やしたようなにおいがする。

3 繊維の構造と染色

繊維は，線状の高分子が互いに規則正しく並んだ緻密な構造をもつ部分の([9]　　　　　　)と，高分子がさまざまな方向に向いて集まり，すき間がある部分の([10]　　　　　　)からできている。

染色は，染料の水溶液が繊維のすき間に入りこみ，染料の分子が繊維の分子と化学的に結びつくことによっておこる。このとき，染料の水溶液は，繊維の(9)よりも(10)へと入りこみやすい。

(10)
繊維
糸
(9)
繊維の断面

■染料と染色

染料のうち，植物や動物から得られるものを([11]　　　　　　)，石油などから化学的につくられるものを([12]　　　　　　)という。

染色には，繊維に直接染色する方法(([13]　　　　　　)法)や，金属イオンを含む水溶液と染料の水溶液とに浸して染色する方法(([14]　　　　　　)法)，薬品を用いたり，発酵させたりして，染料を水に溶けやすい形に変えて繊維に浸し，もとの形に再生して染色する方法(建染法)などがある。

プラス＋
日本の伝統工芸である藍染めは，建染法に分類される。藍の染料であり，アイの葉から得られるインジゴは水に溶けにくいため，まず水に溶けやすい形にする必要がある。

練習問題

学習日：　　月　　日／学習時間：　　分

知識

1. 繊維の分類　次の(1)～(6)に分類される繊維をそれぞれ下の(ア)～(ケ)からすべて選び，記号で答えよ。

(1)　植物繊維　(2)　動物繊維　(3)　合成繊維
(4)　再生繊維　(5)　半合成繊維　(6)　無機繊維
(ア)　羊毛　(イ)　ナイロン　(ウ)　炭素繊維
(エ)　木綿　(オ)　アセテート　(カ)　ビスコースレーヨン
(キ)　ポリエステル　(ク)　絹　(ケ)　麻

知識

2. 繊維の分類　わが国で生産されている繊維のうちで，種類別生産比率で，最も比率の多いものを次の①～⑤のうちから選び，番号で答えよ。

①植物繊維　②動物繊維　③合成繊維　④再生繊維　⑤半合成繊維

知識

3. 繊維の性質　次の文中の(　　)内にあてはまる語句を記入せよ。

繊維は，(　1　)に強く，やわらかい。繊維や糸は，すき間に(　2　)を多く含むため，これらを素材とする布地は高い(　3　)を示す。

木綿，羊毛，ナイロンのうち，燃やすと，紙を燃やしたようなにおいのする繊維は(　4　)である。

知識

4. 繊維の構造と染色　右図は，糸と繊維の関係と，繊維の断面を示している。次の各問いに答えよ。

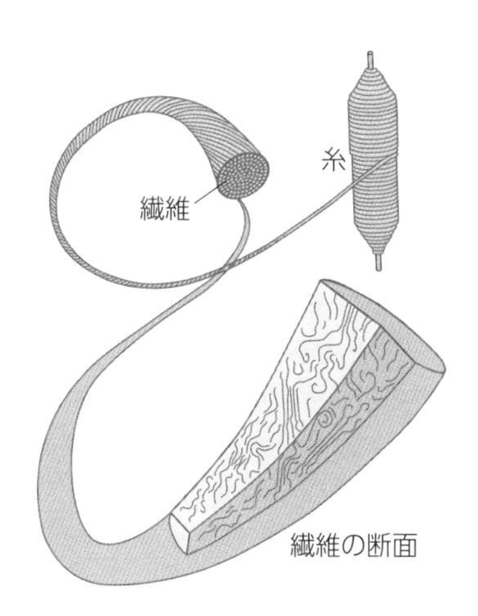

(1)　繊維の断面には，線状のものが多数集まっていることがわかる。これは何を表したものか。

(2)　線状のものが，互いに規則正しく並んで緻密な構造となっている部分を何というか。

(3)　すき間があり，染料によって染色されやすい部分は，繊維の何とよばれる部分か。

知識

5. 染料と染色　次の文中の(　　)内にあてはまる語句を記入せよ。

繊維に彩りを加えるための染料のうち，植物や動物から得られるものを(　1　)，石油などから化学的につくられるものを(　2　)という。

染色の方法には，繊維に直接染色する(　3　)や，金属イオンを含む水溶液と染料の水溶液とに浸して染色する(　4　)などがある。

思考　記述

6. 染色のされやすさ　結晶領域の多い繊維よりも，非晶領域の多い繊維の方が染色されやすいのはなぜか。

1	まとめ 1
(1)	
(2)	
(3)	
(4)	
(5)	
(6)	

2	まとめ 1

3	まとめ 2
(1)	
(2)	
(3)	
(4)	

4	まとめ 3
(1)	
(2)	
(3)	

5	■染料と染色
(1)	
(2)	
(3)	
(4)	

6　まとめ 3

天然繊維

●教科書 p.46～47

学習のまとめ

1 植物繊維

【木綿】

原料	植物の ([1]　　　　) の実
構造	中空の管が ([2]　　　　　　) 層と表皮に取り囲まれている。おもな成分は，([3]　　　　　　) とよばれる多糖である。 表皮　(2)層
性質	保温性，保湿性，吸水性，吸湿性にすぐれ，染色しやすい。 酸には ([4]　　　　) が，アルカリには強い。
用途	シャツ，シーツ，タオル　など

【麻】

原料	植物の ([5]　　　　) などの茎
構造	おもな成分は (3) である。
性質	木綿よりも丈夫で，吸湿性，放湿性にすぐれる。 木綿と同様に，酸には (4) が，アルカリには強い。
用途	夏用のスーツ，シャツ　など

2 動物繊維

【羊毛】

原料	動物の ([6]　　　　　) の体毛
構造	表皮細胞や皮質細胞などが集合した複雑な構造である。表皮細胞は，3層の ([7]　　　　　) で取り囲まれている。皮質細胞は，おもに ([8]　　　　　　) とよばれるタンパク質でできている。
性質	保温性があり，水をはじく。吸湿性があり，弾力性に富む。 比較的酸に ([9]　　　　)，アルカリには弱い。
用途	スーツ，コート，セーター，毛布　など

【絹】

原料	動物の ([10]　　　　　　) のまゆ
構造	まゆからつくられる糸は，([11]　　　　　　　) とよばれる2本の繊維状タンパク質が，セリシン(タンパク質の一種)におおわれた構造をもつ。
性質	染料に染まりやすく，しなやかで光沢に富む。 羊毛と同様に，比較的酸に (9)，アルカリに弱い。
用途	和服，ドレス，ネクタイ　など

■紙　紙は，植物の ([12]　　　　) を取り出して薄くすき，乾燥させたものである。木材パルプを原料とする洋紙と，コウゾやミツマタなどの樹皮から得られる繊維を原料とする和紙とに分けられるが，主成分はいずれもセルロースである。

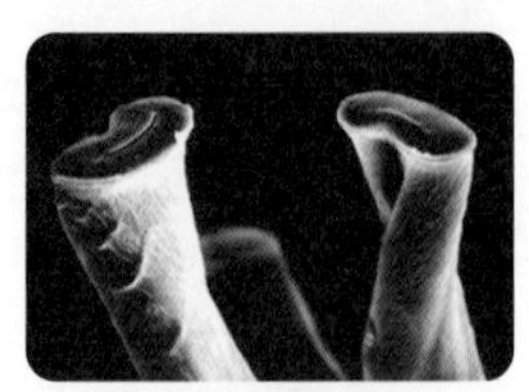

木綿の繊維断面

プラス＋
セルロースは多糖であり，親水性(水となじみやすい性質)を示す。

プラス＋
木綿は多くの非晶領域をもつため，染料の水溶液が入りこみやすい。

プラス＋
植物繊維の主成分がセルロースに対して，動物繊維の主成分はタンパク質である。

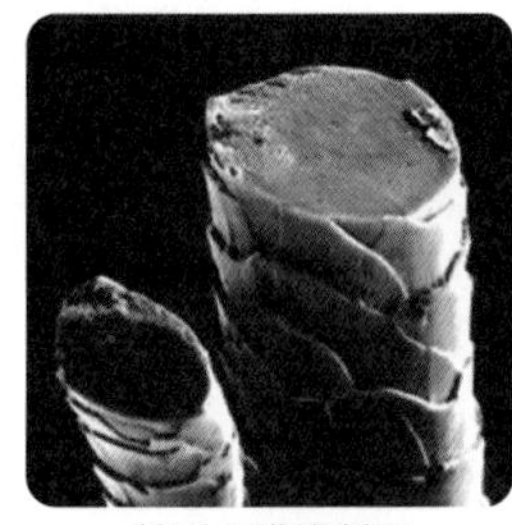

羊毛の繊維断面

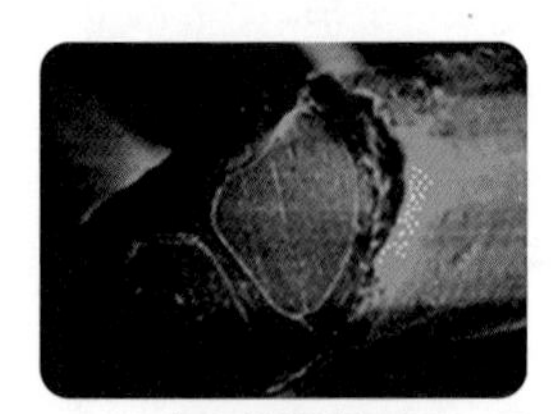

絹の繊維断面

知識
7. 木綿と麻　次の(1)～(4)は，木綿または麻，もしくはその両方に関する説明である。どれにあてはまるかを(ア)～(ウ)の記号で答えよ。

(1) アマなどの茎の外皮から得られる繊維である。
(2) ワタの実から得られる繊維である。
(3) 繊維をつくる高分子のおもな成分はセルロースである。
(4) 酸には弱いが，アルカリに強く，洗濯や漂白によって痛みにくい。

(ア) 木綿のみ　(イ) 麻のみ　(ウ) 木綿と麻の両方

知識
8. 羊毛　次の①～④のうちから正しいものを2つ選び，番号で答えよ。

①羊毛の表皮細胞は，3層のクチクラで取り囲まれている。
②羊毛の皮質細胞は，おもにケラチンでできている。
③羊毛は，酸に弱く，アルカリには比較的強い。
④羊毛は，水をはじく性質をもち，吸湿性をもたない。

知識
9. 絹　次の文中の(　)内にあてはまる語句を記入せよ。

カイコガのまゆから得られる糸は，(　1　)とよばれるタンパク質からなる2本の繊維が，(　2　)におおわれた構造をもつ。

知識
10. 天然繊維の用途　次の(1)～(4)の天然繊維の用途について，下の(ア)～(エ)のうちから最も適したものを選び，それぞれ記号で答えよ。

(1) 木綿　(2) 麻　(3) 羊毛　(4) 絹

【用途】 (ア) スーツ，セーター，毛布　(イ) シャツ，シーツ，タオル
(ウ) 和服，ドレス，ネクタイ　(エ) 夏用のスーツ，シャツ

知識
11. 天然繊維の構造　右の(1)～(3)は，どの繊維の構造を示したものか。下の(ア)～(ウ)からあてはまるものを選び，記号で答えよ。

(ア) 絹　(イ) 木綿
(ウ) 羊毛

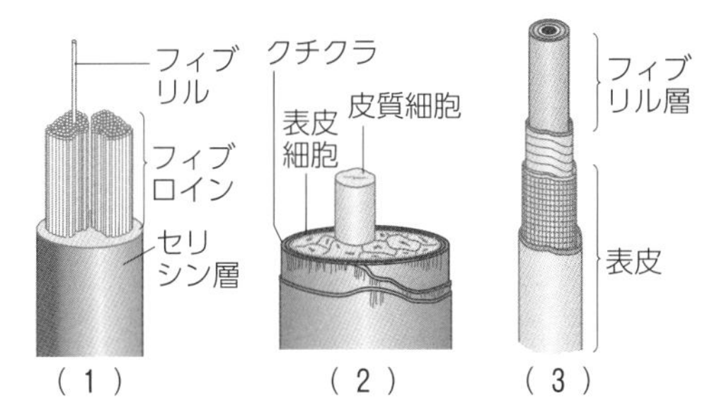

知識
12. 紙　次の文中の(　)内にあてはまる語句を答えよ。

紙のおもな成分は，(　1　)である。洋紙は木材パルプ，和紙は(　2　)やミツマタなどの樹皮から得られる繊維を原料としている。

思考 記述
13. 木綿の特徴　木綿が保温性や保湿性に富むのはなぜか。木綿の構造に注目して答えよ。

13 → まとめ 1

7 → まとめ 1	
(1)	
(2)	
(3)	
(4)	

8 → まとめ 2

9 → まとめ 2	
(1)	
(2)	

10 → まとめ 1 2	
(1)	
(2)	
(3)	
(4)	

11 → まとめ 1 2	
(1)	
(2)	
(3)	

12 → ■紙	
(1)	
(2)	

●教科書 p.48～49

化学繊維

学習のまとめ

1 合成繊維

世界ではじめて開発された合成繊維は(1　　　　　　)であり，「クモの糸よりも細く，鋼鉄よりも強い」と宣伝され，販売された。発明者は，アメリカの(2　　　　　　)である。

合成繊維は，天然繊維に似た性質をもつ繊維を量産するために開発され，おもに石油(化石燃料)から得られた物質を原料とする。

プラス＋
カロザースの発明した合成繊維は，ナイロン66である。

合成繊維	(3　　　　　　)	(　1　)
特徴と繊維の断面	ポリエチレンテレフタラート(PET)が最も広く使われている。PETは耐久性にすぐれ，乾きやすく，しわになりにくい。	絹に似た性質をもち，引っ張りや摩擦に強く，耐久性に富む。適度な収縮性を示してやわらかいが，吸湿しにくく，熱に弱い。
用途の例	ワイシャツ，ズボン，カーテン	靴下，スポーツウェア，魚網
合成繊維	(4　　　　　　)	(5　　　　　　)
特徴と繊維の断面	羊毛に似た性質を示し，保温性や弾力性にすぐれている。	日本が世界で初めて工業生産に成功した合成繊維。耐久性に富むが、染色しにくい。
用途の例	セーター，毛布，カーペット	漁網，ロープ

2 再生繊維と半合成繊維

化学繊維のうち，繊維の性質をもつ物質(パルプなど)を溶かして長い繊維につくり変えたものを再生繊維，天然繊維を化学的に処理してつくられたものを半合成繊維という。

再生繊維と半合成繊維の原料の主成分は，いずれも多糖の(6　　　　　　)である。

【再生繊維】…レーヨンなど

製法	パルプをいったん溶液にしたのち，(7　　　　　　)繊維として再生させたもの。
性質	吸湿性や独特の光沢を示す。
用途	ブラウス，カーテン，衣類の裏地など

【半合成繊維】…アセテートなど

製法	パルプを(8　　　　　　)と反応させ，セルロース分子を一部変化させて得られる繊維。
性質	適度な吸湿性と絹に似た光沢を示す。
用途	ネクタイ，スカーフなど

プラス＋
パルプは，木材を化学的に処理して得られる繊維であり，その主成分はセルロースである。

プラス＋
最初に開発された化学繊維はレーヨンである。

知識

14. 合成繊維　次の(　　)内にあてはまる語句を，下の(ア)～(サ)から選び，それぞれ記号で答えよ。

合成繊維は，(　1　)を原料にして，化学的につくられた繊維である。合成繊維には，ポリエステル，ナイロン，アクリル繊維などがあり，溶融物から細くて長い繊維が得られている。

ポリエステルのうち，おもに繊維に用いられるのは(　2　)であり，PETと略記される。PETは，耐久性にすぐれ，乾きやすく，(　3　)になりにくい。ナイロンのうち，ナイロン66は，アメリカの化学者(　4　)が開発したものである。ナイロンは，(　5　)に似た性質をもち，引っ張りや摩擦に強く，耐久性に富む。アクリル繊維は，(　6　)に似た性質をもち，(　7　)や弾力性にすぐれている。

(ア)　しわ　(イ)　保温性　(ウ)　吸湿性
(エ)　ポリエチレンテレフタラート　(オ)　ポリエチレン
(カ)　羊毛　(キ)　カロザース　(ク)　ベークランド
(ケ)　石油　(コ)　木綿　(サ)　絹

14 → まとめ 1

(1)
(2)
(3)
(4)
(5)
(6)
(7)

知識

15. 再生繊維・半合成繊維　次の①～⑤のうちから誤っているものを1つ選び，番号で答えよ。

①半合成繊維は，パルプを化学的に処理し，セルロース分子の一部を変化させて得られた繊維である。
②パルプを無水酢酸などと反応させて得られる半合成繊維には，レーヨンがある。
③パルプを溶液としたのち，再びセルロース繊維として再生したものを再生繊維という。
④レーヨンは，吸湿性や独特の光沢を示し，ブラウスやカーテン，衣類の裏地などに用いられる。
⑤アセテートは，適度な吸湿性や，絹に似た光沢を示す。

15 → まとめ 2

知識

16. 化学繊維　次の①～④の化学繊維の用途について，最も適当なものを下の(ア)～(エ)から1つ選び，それぞれ記号で答えよ。

①ポリエステル　②ナイロン　③アクリル繊維　④アセテート

(ア)
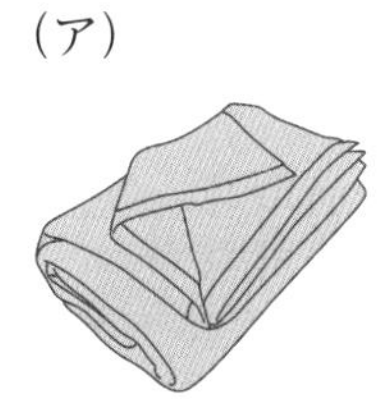
毛布

(イ)

ワイシャツ

(ウ)

ネクタイ

(エ)
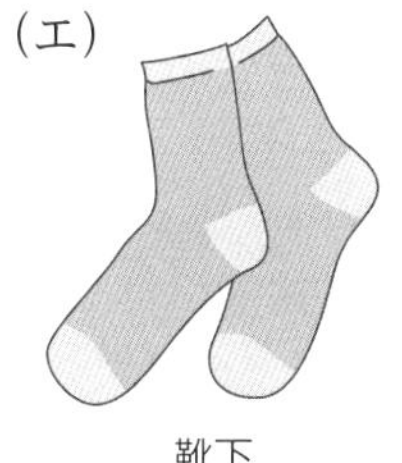
靴下

16 → まとめ 1 2

①
②
③
④

思考　記述

17. 合成繊維の利用　ビニロンが衣料用として使われにくいのはなぜか。

→ まとめ 1

●教科書 p.50〜55

食品中のおもな栄養素／炭水化物(1)(2)

学習のまとめ

1 栄養素

食品中に含まれ，生命活動を維持する上で必要な成分（水を除く）を
（[1]　　　　）という。

プラス＋
炭水化物，タンパク質，脂質は，3大栄養素とよばれる。

栄養素	はたらき	多く含む食品
（[2]　　　　）	エネルギー源になる。	穀類，イモ類
（[3]　　　　）	エネルギー源になる。からだの組織をつくる。	肉類，豆類
（[4]　　　　）	エネルギー源になる。からだの組織をつくる。	ダイズ油，牛脂
（[5]　　　　）	からだの組織をつくる。からだの機能を調節する。	小魚，牛乳
（[6]　　　　）	からだの機能を調節する。	野菜，果物

2 栄養素が取りこまれる過程

食品中に含まれる炭水化物，タンパク質，脂質は，からだに取り入れられると，消化管内を移動しながら，消化液などに含まれる（[7]　　　　）によって加水分解されて吸収される。

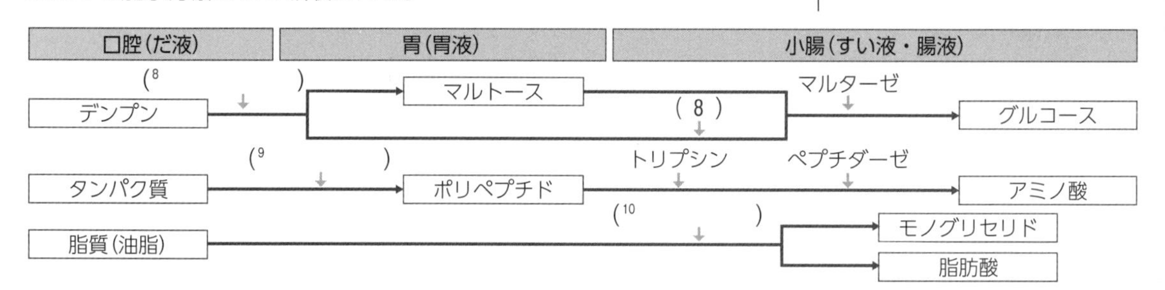

3 炭水化物の分類

分類	名称	特徴
（[11]　　　）	（[12]　　　　） フルクトース	加水分解されない
二糖	スクロース マルトース	加水分解されると，2分子の（ 11 ）ができる。
（[13]　　　）	デンプン，セルロース， グリコーゲン	加水分解されると，多数の（ 11 ）の分子ができる。

グルコースの化学構造

フルクトースの化学構造

4 炭水化物の特徴とはたらき

食品中の炭水化物は，消化酵素によって最終的に単糖にまで分解されて吸収される。たとえば，デンプンは，最終的に（[14]　　　　　）まで分解されて全身に運ばれ，細胞内で（[15]　　　　　）と水に分解されて生体活動のためのエネルギーをつくる。

デンプンの存在は，（[16]　　　　　　　　）反応によって確認できる。ジャガイモの断面にヨウ素ヨウ化カリウム水溶液を滴下すると，（[17]　　　　）色を呈する。

プラス＋
セルロースは，デンプンと同じ多糖であるが，ヒトの消化酵素では加水分解されない。

練習問題

学習日：　　月　　日／学習時間：　　分

知識

18. 栄養素 次の(1)〜(5)の栄養素のはたらきについて，下の(ア)〜(ウ)からあてはまるものをすべて選び，それぞれ記号で答えよ。

(1) 炭水化物　(2) タンパク質　(3) 脂質　(4) 無機質
(5) ビタミン

【はたらき】 (ア) エネルギー源になる。　(イ) からだの組織をつくる。
(ウ) からだの機能を調節する。

知識

19. 栄養素が取りこまれる過程 次の文中の(　)内にあてはまる語句を下の(ア)〜(ケ)から選び，記号で答えよ。

デンプンは，からだに入ると，だ液やすい液に含まれる酵素(　1　)のはたらきによって(　2　)に加水分解される。さらに(　2　)は，腸液に含まれる酵素(　3　)のはたらきによって(　4　)に加水分解されたのち，吸収される。

タンパク質は，胃液に含まれる酵素(　5　)のはたらきによってポリペプチドに分解され，すい液に含まれる酵素(　6　)や，腸液に含まれる 酵素ペプチダーゼのはたらきによって，最終的に(　7　)に加水分解されたのち，吸収される。

脂質(油脂)は，すい液に含まれる酵素(　8　)のはたらきによって，(　9　)とモノグリセリドに加水分解されたのち，吸収される。

(ア) アミラーゼ　(イ) トリプシン　(ウ) ペプシン
(エ) マルターゼ　(オ) リパーゼ　(カ) アミノ酸
(キ) グルコース　(ク) 脂肪酸　(ケ) マルトース

知識

20. 炭水化物の分類と構造 次の①〜③の糖と，その加水分解生成物の組み合わせのうち，正しいものを選び，番号で答えよ。

	糖	加水分解生成物
①	スクロース(ショ糖)	グルコース，フルクトース
②	デンプン	セルロース
③	セルロース	フルクトース

知識

21. 炭水化物のはたらき 次の文中の(　)内にあてはまる語句を記せ。

デンプンは，からだの中で消化酵素のはたらきで最終的に(　1　)に加水分解されて吸収される。吸収された(1)は，細胞内で分解される過程で，生命活動に必要なエネルギーを生じる。また，からだの中で(　2　)に再合成されて貯蔵され，必要に応じて(1)に分解され，消費される。

思考 記述

22. 消化酵素の違い ヒトは多糖のデンプンを消化することができるのに，多糖のセルロースを消化できないのはなぜか。

まとめ-4

18 まとめ-1
(1)
(2)
(3)
(4)
(5)

19 まとめ-2
(1)
(2)
(3)
(4)
(5)
(6)
(7)
(8)
(9)

20 まとめ-3

21 まとめ-4
(1)
(2)

●教科書 p.56〜61

タンパク質／脂質／その他の栄養素

学習のまとめ

1 タンパク質の特徴とはたらき

タンパク質は，多数の(1　　　　　　　)がペプチド結合によって連なってできた高分子である。

プラス
生体内のタンパク質を構成するアミノ酸は，20種類が知られている。

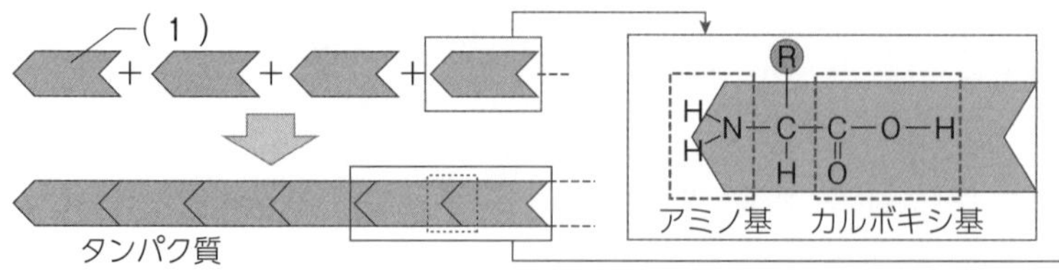

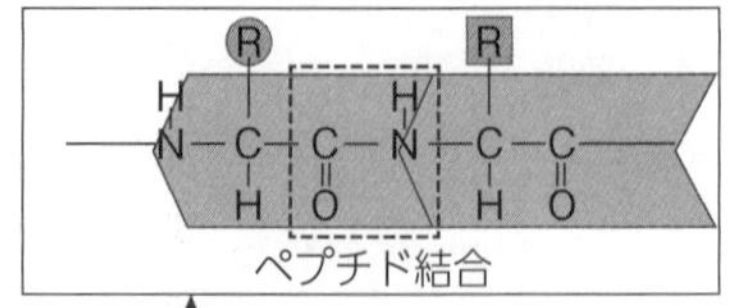

タンパク質は，熱や金属イオンの作用によって分子の形状が変化し，性質が変わることがある。これを，タンパク質の(2　　　　)という。

タンパク質は，からだを構成する基本物質で，多くの種類がある。小腸で吸収されたアミノ酸は，(3　　　　)によって各細胞に運ばれ，必要なタンパク質に合成される。

プラス
人体内で合成できないか，十分な量を合成できないアミノ酸は，食品から取り入れる必要がある。このようなアミノ酸を必須アミノ酸という。

2 脂質の特徴とはたらき

代表的な脂質に油脂があり，常温で固体の脂肪と，液体の脂肪油がある。油脂は，3つの脂肪酸と，1つの(4　　　　　　　)で構成されている。油脂は，からだに入ると，脂肪酸とモノグリセリドに分解される。これらは，小腸で吸収されたのち，油脂に再合成されてからだの各組織に運ばれ，(5　　　　　　　)源として貯蔵される。

細胞膜は，リンを含む(6　　　　　　　)からできており，一般に，水を通しにくい。この機能で，細胞内の環境が一定に保たれている。

プラス
脂肪には牛脂，豚脂などがあり，脂肪油にはダイズ油などがある。

プラス
モノグリセリドは，1つの脂肪酸と，1つのグリセリンで構成されている。

3 セッケン

セッケンは，油脂に水酸化ナトリウム水溶液を加えて加熱することで得られる(7　　　　　　　)とナトリウムが結合した物質である。

セッケンの分子は親油性(疎水性)の部分と親水性の部分からできていて，水に溶かすと，(8　　　　)性の部分を内側にして，多数の分子が集合し，水中に拡散する。

プラス
油は水と混ざりにくいが，油にセッケンを加えると，セッケンが油を取り囲んだ粒子を生じ，水中で拡散した状態となる。このため，油汚れを水で洗い流すことができる。

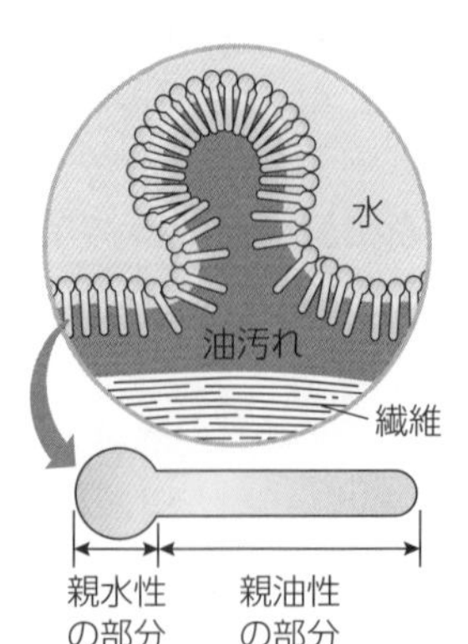

4 その他の栄養素

(9　　　　　)は，ミネラルともよばれ，からだの成分になったり，からだの機能を調節したりする。たとえば，カルシウム Ca は(10　　　　)や歯の成分となる。

(11　　　　　　　)は，少量でからだの機能を調節するはたらきがあり，その多くは，人体で合成されない有機化合物である。(11)には，油に溶けやすい(12　　　　　　　　　　)と，水に溶けやすい(13　　　　　　　　　　)に分類される。

練習問題

学習日：　　月　　日／学習時間：　　分

知識

23. タンパク質　次の文中の(　　)内にあてはまる数値や語句を下の(ア)～(ケ)から選び，記号で答えよ。

タンパク質は，多数の(　1　)が(　2　)結合によって連なってできた高分子である。タンパク質を構成する(　1　)は，(　3　)種類が知られている。このうち，人体内で合成できないか，十分な量を合成できないため，食品から取り入れる必要があるものを(　4　)という。

卵白には，何種類かのタンパク質が含まれている。透明な卵白を加熱すると，不透明な白色の固体となる。この現象は，加熱によっておこった，タンパク質の(　5　)である。

タンパク質は，からだの中で消化され，(　1　)にまで分解されて，(　6　)から吸収される。吸収された(　1　)は，血液によってからだの各細胞に運ばれ，人体に必要なタンパク質に再合成される。

(ア)　20　(イ)　30　(ウ)　変性　(エ)　必須アミノ酸
(オ)　糖　(カ)　アミノ酸　(キ)　ペプチド
(ク)　大腸　(ケ)　小腸

23　→まとめ 1

(1)
(2)
(3)
(4)
(5)
(6)

知識

24. 脂質の構造とはたらき　次の図は，小腸で吸収された後の脂肪酸とモノグリセリドの変化を模式的に表している。下の各問いに答えよ。

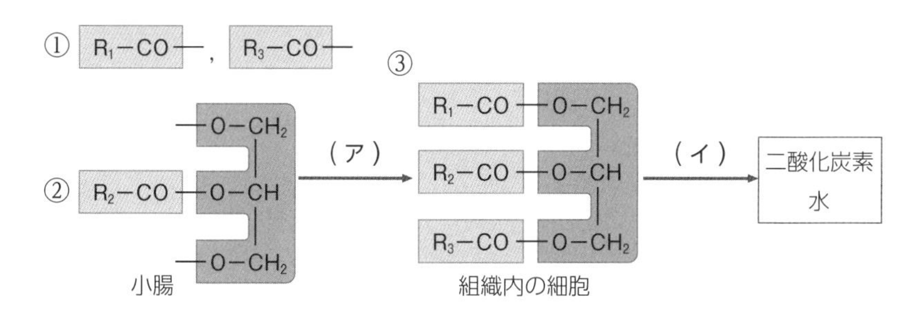

(1)　上図の中で，①～③はそれぞれ何を表しているか。名称で答えよ。
(2)　エネルギーが得られる変化の過程は，(ア)，(イ)のどちらか。

24　→まとめ 2

(1) ①
②
③
(2)

知識

25. その他の栄養素　次の文中の(　　)内にあてはまる語句を答えよ。

(　1　)は，ミネラルともよばれ，からだの成分になったり，からだの機能を調節したりする。小魚などに含まれるカルシウムは，骨や(　2　)の成分になり，牛乳などに含まれるリンは，染色体に含まれ，遺伝に関係する(　3　)などの成分になる。

ビタミンAやビタミンB_1などのように，少量でからだの機能を調節するはたらきがある有機化合物を(　4　)という。

25　→まとめ 4

(1)
(2)
(3)
(4)

思考　記述

26. セッケン　油にセッケンを加えると，水に溶けやすくなる(水中で拡散しやすくなる)のはなぜか。

→まとめ 3

●教科書 p.68〜73

タンパク質のはたらきと構造／遺伝子とDNA／タンパク質の合成

学習のまとめ

1 タンパク質のはたらき

タンパク質は，(1　　　　)として化学反応を促進したり，赤血球に含まれる(2　　　　)として酸素を運搬したりする。

2 タンパク質の構造

タンパク質は，多数の(3　　　　)がペプチド結合をしてできている。(3)は(4　　)種類あり，その総数や(5　　　　)に応じて，タンパク質の種類や性質が決まる。タンパク質は固有の(6　　　　　　)をとる。

3 DNAの構造と特徴

DNAを構成する(7　　　　)は，(8　　　　)(糖)に，リン酸と塩基が結合している。塩基は，アデニン(A)，(9　　　　)(T)，グアニン(G)，(10　　　　)(C)の4種類がある。

DNAの構造は，2本の(7)鎖がらせん状にねじれているため，(11　　　　)構造という。

DNAの（7）の構造

アデニン(A)，（9）(T)，グアニン(G)，（10）(C)

糖（8）

リン酸

P　dR　塩基

塩基の（12　　　　）

AはTと，GはCと結合する。

プラス＋ DNAの二重らせん構造は，ワトソンとクリックによって明らかにされた。

4 転写とRNA

DNAがRNAに写し取られる過程を(13　　　)という。RNAは，(14　　)本の鎖，糖が(15　　　　)，塩基として(16　　　　)(U)をもつことが，DNAと異なる点である。

5 翻訳とタンパク質

mRNAは(3)を指定する。(3)は結合してタンパク質となる。この過程を(17　　　)という。遺伝情報は，DNA→RNA→タンパク質へと伝えられる。この情報の流れの原則を(18　　　　　　)という。

プラス＋ mRNAの塩基3つの並び方は，64通りあり，それぞれが20種類のアミノ酸のどれを指定するかは，すべて解読されている。

6 遺伝子の発現と細胞の種類

DNAが(13)や(17)されたりすることを遺伝子の(19　　　　)という。各細胞は同じ遺伝子のセットをもつが，細胞ごとに，(19)する遺伝子が異なるために，異なるはたらきを示すようになる。

プラス＋ 生物が自らを形成し，維持するのに必要な最小限の遺伝子のセットをゲノムという。

練習問題

学習日：　　月　　日／学習時間：　　分

知識

1. タンパク質のはたらき　次の①～④のうち，タンパク質について述べたものとして適当でないものを1つ選び，番号で答えよ。

①酵素として，化学反応を促進する。

②赤血球に含まれるヘモグロビンとして，酸素を運搬する。

③多数のグルコースが，ペプチド結合によって長く連なっている。

④固有の立体的な構造をとる。

1　→まとめ 1 2

知識

2. DNA の構造　右の図は，DNA の分子構造を模式的に示したものである。図のア～エの物質はそれぞれ何か。下の語群から，それぞれ選んで答えよ。

【語群】

リボース　　デオキシリボース

リン酸　　窒素　　ヌクレオチド

塩基

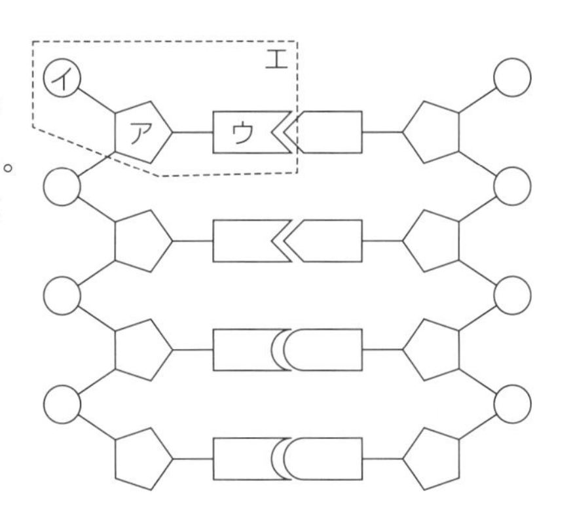

2　→まとめ 3

ア
イ
ウ
エ

知識

3. タンパク質の合成　図は，DNA の遺伝情報にもとづき，タンパク質がつくられる過程を模式的に示したものである。次の各問いに答えよ。

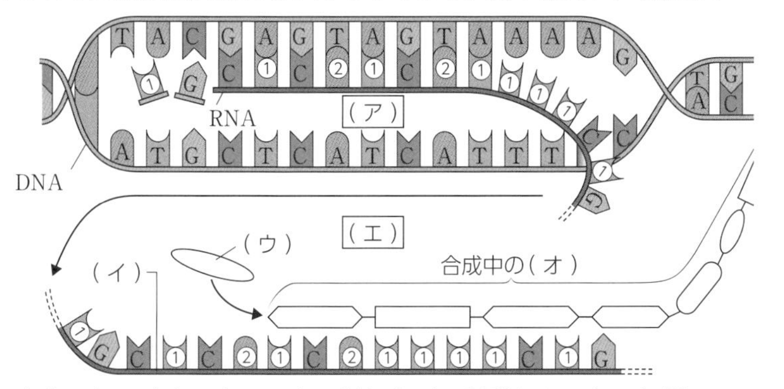

(1)　文中の(　　)内にあてはまる語句を下の語群からそれぞれ選べ。

DNA の塩基配列は，RNA に写しとられる。この過程を(　ア　)という。RNA のうち，(　イ　)の塩基配列は，タンパク質の構造に関する情報をもち，塩基3つの並びで指定される(　ウ　)の配列に置き換えられる。この過程は(　エ　)とよばれ，合成された長い(　ウ　)の鎖が(　オ　)となる。

【語群】　アミノ酸　　タンパク質　　mRNA　　転写　　翻訳

(2)　図中の①，②に入る塩基は何か。アルファベットで答えよ。

(3)　下線部は DNA → RNA →タンパク質へと伝えられる。この情報の流れの原則を何というか。

3　→まとめ 4 5

(1) ア	
イ	
ウ	
エ	
オ	
(2) ①	②
(3)	

思考　記述

4. 遺伝子の発現と細胞の種類　各体細胞は，同じ遺伝子のセットをもつにもかかわらず，異なるはたらきを示すのはなぜか。

→まとめ 6

●教科書 p.74～77

血糖濃度の調節／血糖濃度と糖尿病

学習のまとめ

1 体内環境を保つはたらき

体内の細胞は(1　　　　)とよばれる液体に取り囲まれている。(1)は細胞にとっての環境であり，(2　　　　)とよばれる。(2)を一定の範囲内に維持しようとする性質を(3　　　　)という。

2 ホルモンのはたらき

内分泌腺から，(4　　　　)という物質が血液中に分泌されている。(4)は血液によって全身に運ばれ，特定の器官に作用をおよぼす。その器官の細胞にはホルモンと結合する(5　　　　)がある。

3 血糖濃度

ヒトの血液に含まれるグルコースは(6　　　　)とよばれる。血糖濃度は，健康なヒトでは空腹時でおよそ(7　　　　)〔mg/100mL〕に保たれる。

4 ホルモンによる血糖濃度の調節

血糖濃度は，ホルモンの分泌量のバランスによって，一定の範囲に保たれる。

血糖濃度	ランゲルハンス島	ホルモン	調節
低い場合	(8　　)細胞	(9　　　　)	(10　　　　)が分解されてグルコースになる
高い場合	(11　　)細胞	(12　　　　)	(13　　　　)や筋肉で(10)の合成を促進

5 糖尿病

血糖濃度が正常に低下せず，高い状態が長く続く病気であり，(14　　　　)が尿中に排出されることもある。

糖尿病は，その原因によって，おもに1型と2型に分けられる。

糖尿病の種類	原因
1型糖尿病	(12)を分泌するすい臓のランゲルハンス島(11)細胞が(15　　　　)されて発症する。
2型糖尿病	筋肉などの細胞が(12)の作用を受けにくくなって発症する。暴飲暴食などの(16　　　　)も原因になる。

6 糖尿病の治療と理解

糖尿病の治療では，(12)を注射する必要がある。(12)が過剰になると(17　　　　)になることがある。(17)を防ぐために，軽食の補給や，(18　　　　)によって食事の内容や量が制限されることがある。

プラス＋
体液には，血管を流れる血液，リンパ管を流れるリンパ液，組織の細胞の間を満たす組織液がある。

プラス＋
ホルモンの語は，「刺激する」「興奮させる」という意味のギリシア語に由来する。

プラス＋
ホルモンが作用をおよぼす器官の細胞には，ホルモンと結合する受容体がある。

プラス＋
ランゲルハンス島は，すい臓内部の，島状に形成された細胞群である。

プラス＋
1型糖尿病の治療には，日常的なインスリン注射が効果的である。

プラス＋
2型糖尿病の治療では，まず食事療法や運動療法が行われる。

プラス＋
日本人の糖尿病患者のうち，95%が2型糖尿病である。

知識

5. ホルモンによる血糖濃度の調節

下の図は，血糖濃度の調節を模式的に示している。次の各問いに答えよ。

(1) 図のア～エの名称を，下の選択肢からそれぞれ選び，番号で答えよ。

①グリコーゲン
②インスリン
③ランゲルハンス島
④グルカゴン

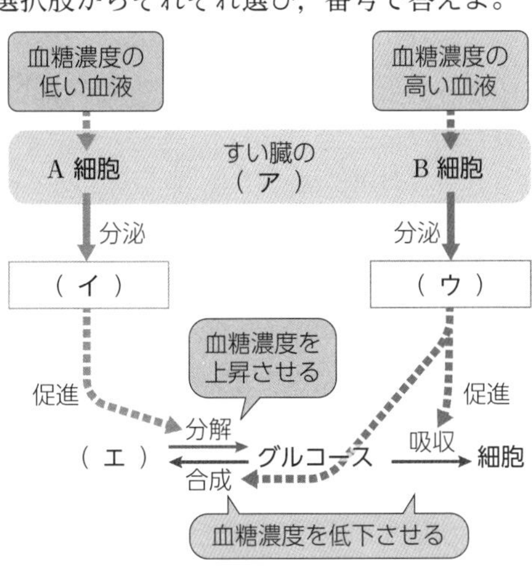

(2) ヒトの血糖濃度は，ある一定の濃度〔mg/100mL〕に保たれている。その濃度はどれぐらいか。次から選び，番号で答えよ。

①1　②10

③100　④1000

(3) (2)のように，体内環境を一定の範囲内に維持しようとする性質を何というか。

5 まとめ 1 2 3

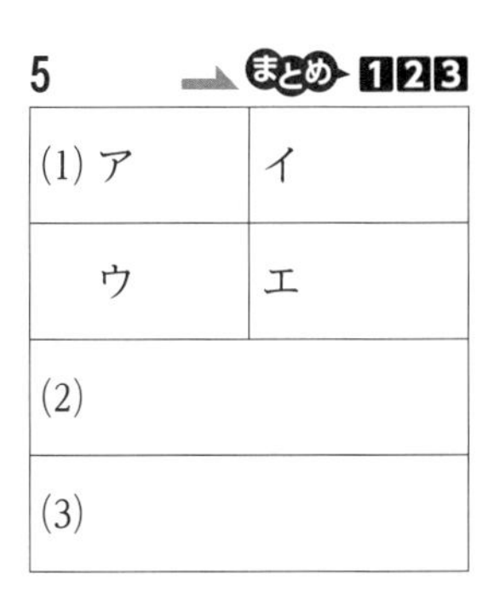

(1) ア	イ
ウ	エ
(2)	
(3)	

知識

6. 糖尿病

下の図は，食事後の血糖濃度とインスリン濃度の変化を示したグラフである。次の各問いに答えよ。

(1) 糖尿病患者の血糖濃度の変化を示しているのはa，bのどちらか。記号で答えよ。

(2) 1型糖尿病患者のインスリン濃度の変化を示しているのはc，dのどちらか。記号で答えよ。

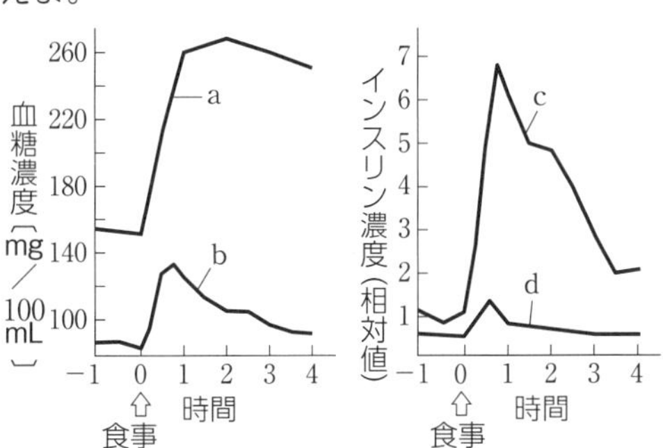

6 まとめ 5

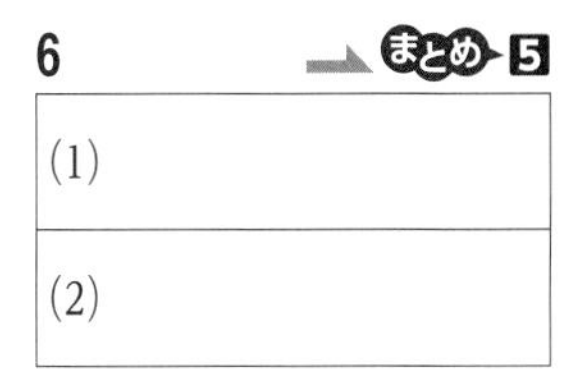

(1)
(2)

知識

7. 糖尿病とその治療

糖尿病とその治療に関して述べた次の(1)～(4)について，正しいものには○を，誤っているものには×を記入せよ。

(1) グルコースが細胞に過剰に取り込まれ，血糖濃度が下がる病気である。

(2) 2型糖尿病では，インスリンが正常に分泌されても，肝臓や筋肉がその作用を受けにくくなって発症することがある。

(3) 症状によって，インスリンを自分で注射する必要がある。

(4) インスリンの注射を行う場合，低血糖を防ぐために，軽食をとり血糖濃度を維持させる必要がある。

7 まとめ 6

(1)
(2)
(3)
(4)

思考 記述

8. ホルモンのはたらき

ホルモンが特定の器官に作用をおよぼすことができるのはなぜか。

まとめ 2

●教科書 p.78～81

病原体の排除(1)(2)

学習のまとめ

1 生体防御

病原体の侵入を防いだり，体内から排除するしくみである。病原体には，(1　　　　　)や細菌，カビなどがある。

また，外部環境と接する皮膚や気管，消化管などには，病原体の侵入を防ぐしくみがあり，これらは，(2　　　　　)防御と(3　　　　　)防御に大別される。

プラス
角質は，ケラチン(タンパク質の一種)の別称である。鳥のくちばしやサイの角なども角質からできている。

2 免疫

体内に侵入した病原体は白血球のはたらきによって排除される。このようなしくみを(4　　　　　)という。

プラス
病原体などの異物を細胞内に取りこむはたらきを食作用という。

3 抗体による生体防御

リンパ球に認識される物質を(5　　　　　)という。病原体は(5)として認識され，(6　　　　　)とよばれるタンパク質と結合する。これを(7　　　　　)反応という。この反応によって，(5)は弱毒化されたり，白血球による排除が促進されたりする。

プラス
抗原と抗体は，かぎとかぎ穴のように特異的に結合する。

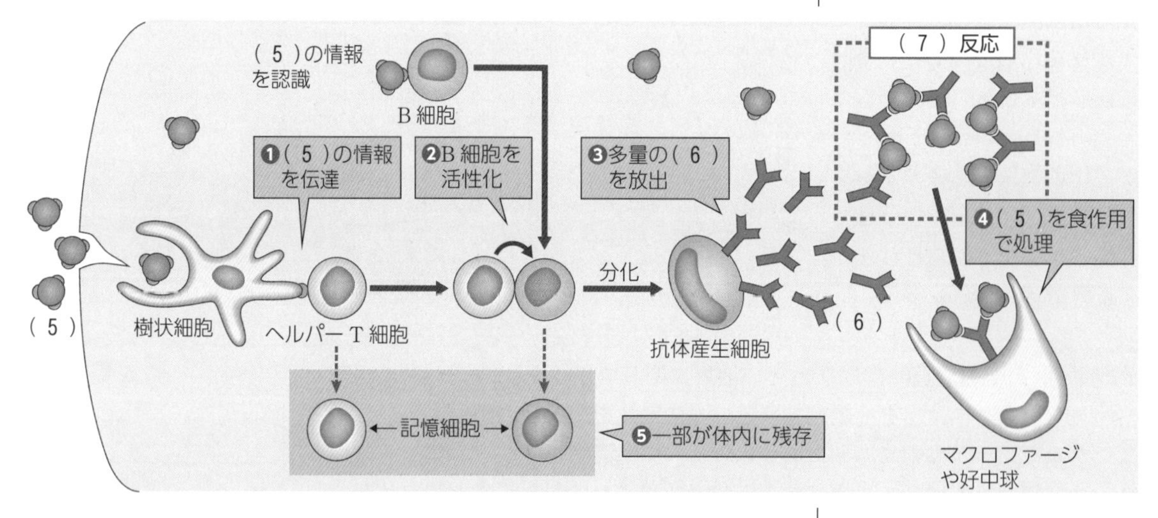

記憶細胞は，同じ病原体に感染すると速やかに反応して(6)をつくり，病原体を排除する。このような反応を(8　　　　　)という。(8)を利用した予防法として，(9　　　　　)がある。このとき用いられる抗原を(10　　　　　)という。

4 アレルギー

鶏卵や花粉などは，抗原として認識されて生体に不都合な免疫反応をおこすことがある。これを(11　　　　　)といい，その原因となる物質を(12　　　　　)という。

プラス
花粉症の原因となる植物は，スギやヒノキ，イネ，ヨモギ，ブタクサなど，60種類以上が知られている。

知識

9. 白血球のはたらき 次の(1)～(3)の白血球がもつはたらきを，下の語群からすべて選び，それぞれ記号で答えよ。

(1) マクロファージ (2) 好中球 (3) 樹状細胞

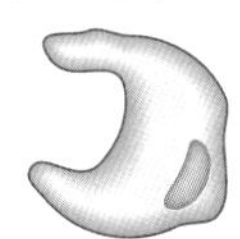
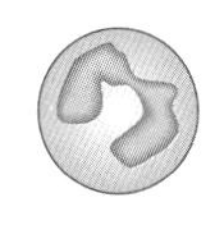
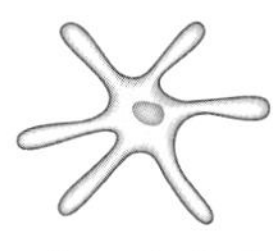

【語群】 (ア) 病原体を取りこむ。 (イ) 強い殺菌作用をもつ。
(ウ) 炎症を引きおこす。 (エ) 抗原の情報を伝える。

9 まとめ 2

(1)
(2)
(3)

知識

10. 抗体による生体防御 抗体による生体防御のしくみを説明する次のⅠ～Ⅴの文章について，次の各問いに答えよ。

Ⅰ：抗原を取りこんだ(ア)は，その情報をヘルパーＴ細胞に伝え，活性化させる。

Ⅱ：活性化されたヘルパーＴ細胞は，同じ抗原の情報を認識した(イ)を活性化させる。

Ⅲ：活性化された(イ)は増殖して，(ウ)に分化し，抗体を放出する。

Ⅳ：抗体が抗原と結合すると，病原体の感染力や毒性が弱まる。

Ⅴ：活性化されたヘルパーＴ細胞や(イ)の一部は(エ)として長期間体内に残る。

(1) 文中の( )内にあてはまる語句を記入せよ。

(2) 下線部の反応を何というか。

10 まとめ 3

(1) ア
イ
ウ
エ
(2)

知識

11. 二次応答 次の文を読み，下の各問いに答えよ。

抗体のはたらきによって排除された病原体と同じ病原体に再び感染すると，記憶細胞が速やかに反応して抗体をつくり，病原体を排除する。

(1) このような反応を何というか。

(2) このときつくられる抗体の量を表すグラフとして適切なものを①～④から選べ。ただし，グラフの縦軸は抗体の量(相対値)を，横軸は時間(日)を，↓は抗原が侵入した時間を示す。

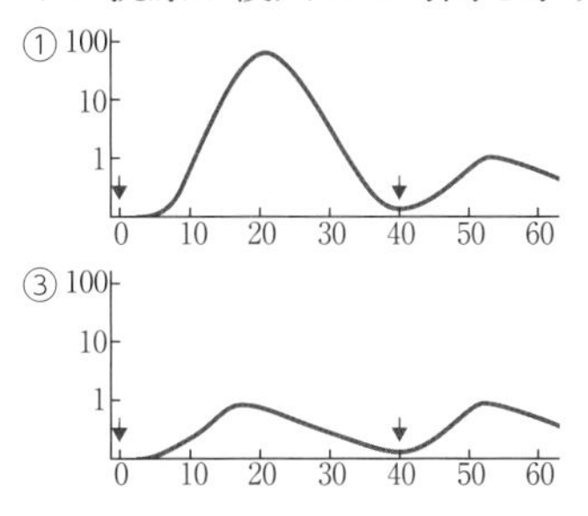

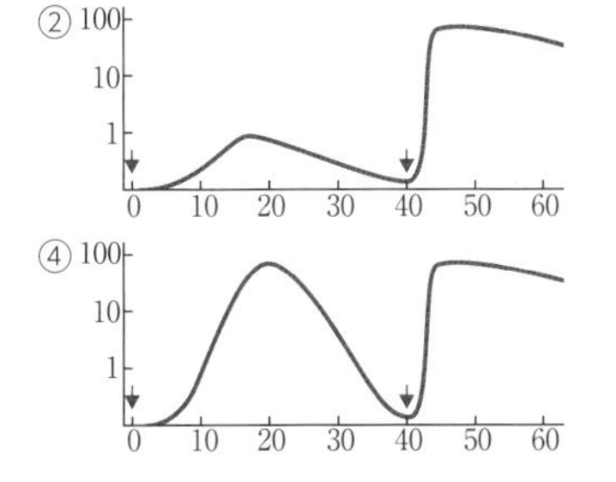

11 まとめ 3

(1)
(2)

思考 記述

12. アレルギー ヒトによっては，花粉を原因とする涙や鼻水などの症状が引きおこされるのはなぜか。

まとめ 4

●教科書 p.84〜87

ヒトの視覚(1)(2)

学習のまとめ

1 ヒトの眼の構造

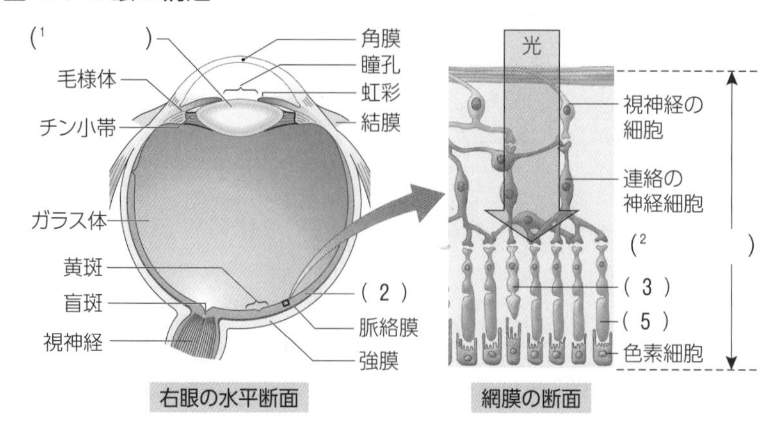

2 視細胞の種類とはたらき

眼の網膜には，光を受容する視細胞が存在する。

(3　　　　)…黄斑に多く分布する。弱い光でははたらかないが，3種類の細胞によって，(4　　)の識別ができる。

(5　　　　)…黄斑には存在せず，黄斑近くの周辺部に多く分布する。弱い光でもはたらくが，(4)の識別ができない。

3 視覚の成立

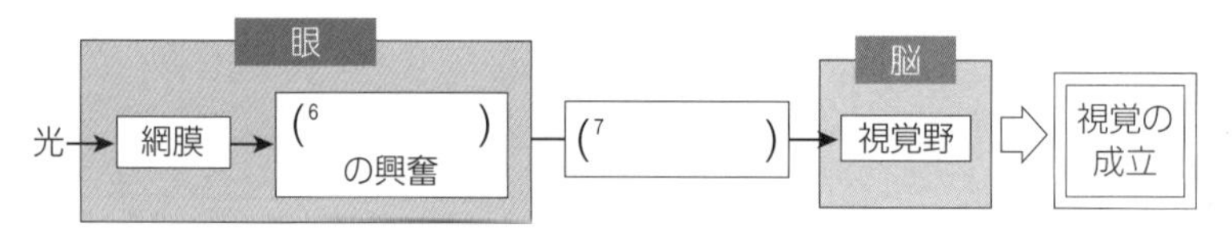

感覚器に異常がないにもかかわらず，事実とは異なる感覚を生じる現象を(8　　　)といい，視覚に関する(8)を(9　　　)という。

4 視覚と体内時計

多くの生物は，およそ24時間を周期としたリズムで生活をしている。このリズムを(10　　　　　)という。(10)は体内に時間の経過を認識する(11　　　　)とよばれるしくみが備わっているためである。ヒトには24時間よりも少し(12　　　)周期の(11)が存在する。自然界における実際の生命現象は，24時間周期で変動している。これは明暗などの環境変化に同調し，(11)が絶えず(13　　　)されているためである。

夜通し明るい照明の下で過ごすと，(11)が外界の24時間周期に同調しにくくなる。その結果おこる睡眠障害などの状態を(14　　　　　)という。

プラス＋
光刺激で生じる感覚を視覚という。

プラス＋
錐体細胞には，青錐体細胞・緑錐体細胞・赤錐体細胞の3種類があり，それぞれ吸収する光の波長域が異なる。

プラス＋
光刺激による興奮が伝わり，これを処理する脳の領域を視覚野という。錯視は，眼で受容した映像情報を，脳が経験などにもとづいて処理してしまうために生じると考えられている。

プラス＋
概日リズム(サーカディアンリズム)は，ラテン語で「およそ」を意味する「サーカ」と，「日」を意味する「ディアン」から名づけられた。

プラス＋
時差症候群(時差ぼけ)も，概日リズム障害の1つである。

知識

13. ヒトの眼の構造 右図は，ヒトの眼の構造を示している。次の(1)～(6)に相当する部位を図中の①～⑦から選び，その番号と名称を答えよ。

(1) ここに像ができると，はっきりと物体の色を感じ取ることができる。
(2) ここに像ができると，視覚が成立しない。
(3) 2種類の視細胞が存在する膜。
(4) 眼に入る光の量を調節する。
(5) 水晶体の厚みを調節する。
(6) 光刺激によって生じた興奮を脳に伝える。

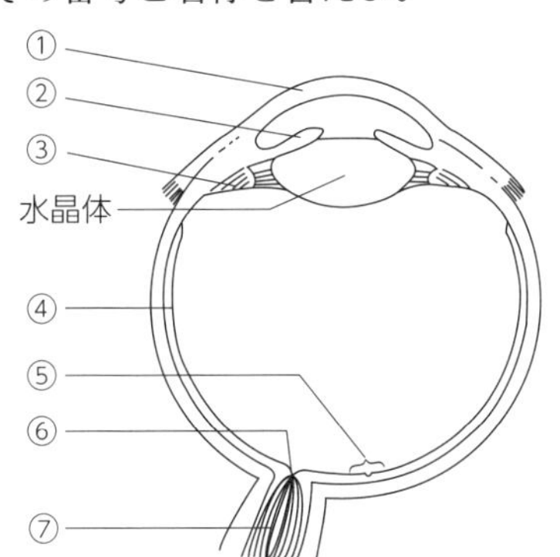

13 まとめ 1

(1)	
(2)	
(3)	
(4)	
(5)	
(6)	

知識

14. 視細胞の種類とはたらき 次の(1)～(6)のうち，錐体細胞にあてはまるものにはア，桿体細胞にあてはまるものにはイを記入せよ。

(1) 黄斑近くの周辺部に多く存在する。
(2) 3種類存在し，それぞれ吸収する光の波長域が異なる。
(3) 弱い光でははたらかない。
(4) 色の識別には関与しない。
(5) 色の識別に関与するが，暗所では色の識別ができない。
(6) 弱い光でもはたらく。

14 まとめ 2

(1)	(2)
(3)	(4)
(5)	(6)

知識

15. 視覚の成立 次の文中の(　　)にあてはまる語句を下の(ア)～(カ)から選び，記号で答えよ。

瞳孔に入り，網膜に達した光は，(　1　)を興奮させる。この興奮は，(　2　)を経て大脳に伝えられ，(　3　)が成立する。

感覚器に異常がないにもかかわらず，事実とは異なる感覚を生じる現象を(　4　)といい，(3)に関する(4)を(　5　)という。

(ア) 聴覚　(イ) 錯視　(ウ) 錯覚　(エ) 視神経
(オ) 視細胞　(カ) 視覚

15 まとめ 3

(1)	(2)
(3)	(4)
(5)	

知識

16. 視覚と体内時計 次の各問いに答えよ。

(1) 夜通し明るい照明の下で過ごすことで，望ましい時刻に眠ったり，目覚めたりすることができなくなる睡眠障害を何というか。
(2) (1)の睡眠障害にあたるものを次から選び，番号で答えよ。
①紫外線角膜炎　②時差症候群　③ビタミンD欠乏症

16 まとめ 4

(1)
(2)

思考 記述

17. 概日リズム 多くの生物が24時間を周期としたリズムで生活できるのはなぜか。

●教科書 p.90〜93

1 身近な微生物／微生物の発見

学習のまとめ

1 身のまわりの微生物

わたしたちの身のまわりに数多く存在する，肉眼で見ることができないくらいの微小な生物を(1)という。パンなどの食材を放置すると，(2)の一種であるアオカビが生えることがある。これは，空気中にアオカビの(3)が浮遊していることを示している。

2 ヒトのからだにすむ微生物

わたしたちのからだには，多くの種類の(1)が生息している。大腸の中の腸内細菌をはじめ，口内には，虫歯の原因となる(4)，皮膚には，にきび菌ともよばれる(5)などがすんでいる。このように，多くのヒトに共通して生息する細菌を(7)という。

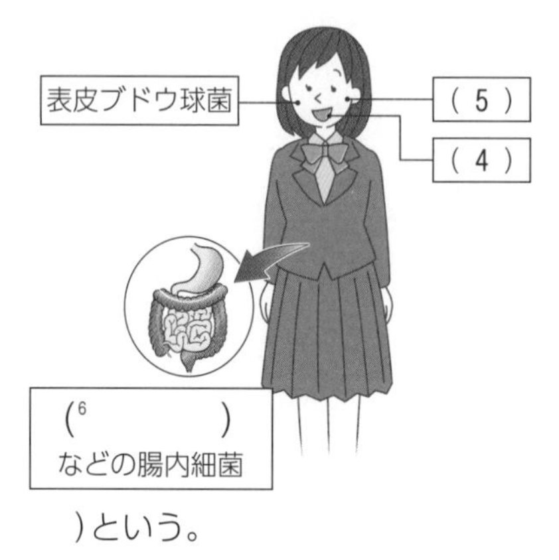

3 微生物の発見

【研究者】 オランダの(8)

【研究内容】 自作の顕微鏡で池の水を観察し，1674年，動く物体を発見した。これが，微生物の最初の発見といわれている。

4 自然発生説の否定

【研究者】 フランスの(9)

【研究内容】 19世紀，S字状の首をもつ(10)を用いた実験を行い，自然発生説を完全に否定した。

5 病原菌の発見

【研究者】 ドイツの(11)

【研究内容】 炭疽症にかかった動物の体内から(12)を発見し，純粋培養に成功した。また，この細菌が炭疽症の原因であることを明らかにした。その後，炭疽菌の場合と同様にして，結核菌や(13)を次々に発見した。

6 ウイルスの結晶化

【研究者】 アメリカの(14)

【研究内容】 1935年，タバコモザイク病の原因となる，(15)の結晶化に成功した。

プラス＋
微生物には，細菌，アーキア(古細菌)，酵母などの微小な菌類，多くの原生生物，ウイルスなどがある。

プラス＋
ヒトの腸内には，大腸菌のほか，ビフィズス菌，ウェルシュ菌，腸球菌など，100種類以上，100兆個を超える細菌が生息し，特異な環境を形成している。

プラス＋
生物は無生物から発生するという考え方を自然発生説という。

プラス＋
S字状の首によって，外から微生物が侵入できないようにすると，煮沸殺菌した肉汁に微生物は発生しなかったが，空気中の微生物が入れるようにすると，肉汁に微生物が発生した。

プラス＋
北里柴三郎は，伝染病の予防と細菌学の研究に取り組み，多くの業績を残すとともに，わが国の優秀な細菌学者を育てたことから，「日本の細菌学の父」とよばれている。

プラス＋
1892年，ロシアのイワノフスキーによって，細菌よりも小さい病原体の存在が示唆された。

学習日：　　月　　日／学習時間：　　分

探究 知識

1. **身近な微生物**　次のⅠ～Ⅲの微生物を観察した。下の各問いに答えよ。

Ⅰ．パンを常温で数日間放置したときに生えたカビ

Ⅱ．市販の納豆をかき混ぜたときのねばりの部分

Ⅲ．滅菌済み寒天培地に生えたカビ

(1)　Ⅰで放置したパンに生えたカビは何の一種か。

(2)　Ⅱで観察された微生物は何か。

(3)　Ⅲの観察結果から何がわかるか。正しい文を選び，番号で答えよ。

①空気中には，カビの胞子が浮遊している。

②寒天培地の中に，カビの胞子が存在している。

1 → まとめ 1

(1)
(2)
(3)

知識

2. **微生物の研究**　次の(1)～(4)の研究を行った研究者の名前をそれぞれ答えよ。

(1)　自然発生説の否定　　(2)　炭疽菌の発見

(3)　顕微鏡で微生物を発見　　(4)　破傷風の血清療法の開発

2 → まとめ 3 4 5 6

(1)
(2)
(3)
(4)

知識

3. **自然発生説の否定**　次の図は，パスツールが行った実験を示している。下の各問いに答えよ。

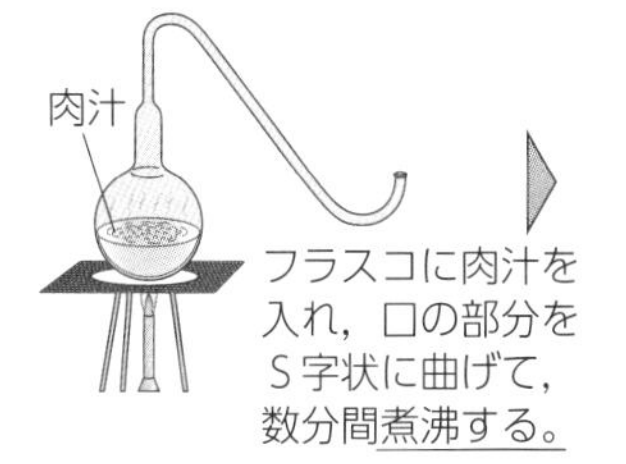

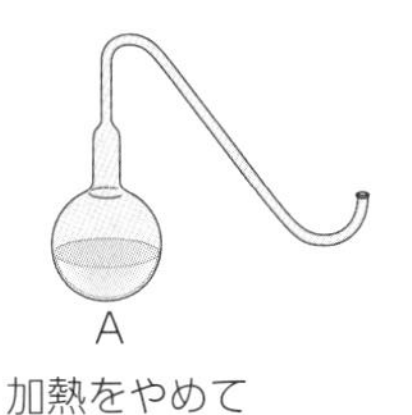

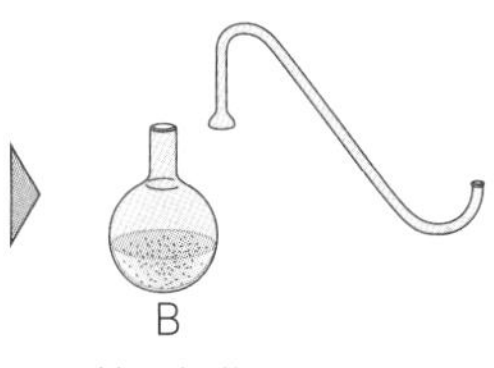

(1)　下線部の操作の理由を次の①～④から選び，番号で答えよ。

①微生物を増殖させるため。

②微生物を殺すため。

③肉汁の栄養分を分解するため。

④水を蒸発させるため。

(2)　A，Bの実験結果を，それぞれ次の①，②から選び，番号で答えよ。

①数日後に微生物が発生した。

②数か月後も微生物は発生しなかった。

(3)　A，Bの実験結果が(2)のようになる理由として最も適するものを，それぞれ次の①～④から選び，番号で答えよ。

①肉汁の中の栄養分がすべて分解されたため。

②空気中の微生物が肉汁に入ってきたため。

③肉汁の中の物質から微生物が自然に発生したため。

④肉汁の中に微生物が存在しておらず，外からの侵入もなかったため。

3 → まとめ 4

(1)
(2) A
B
(3) A
B

ヒント　大部分の微生物は煮沸によって死滅する。

思考 記述

4. **ヒトのからだにすむ微生物**　ヒトが虫歯になるのはなぜか。

→ まとめ 2

第2節 微生物とその利用

●教科書 p.94~97

生態系内の微生物(1)(2)

学習のまとめ

1 森林生態系内の微生物

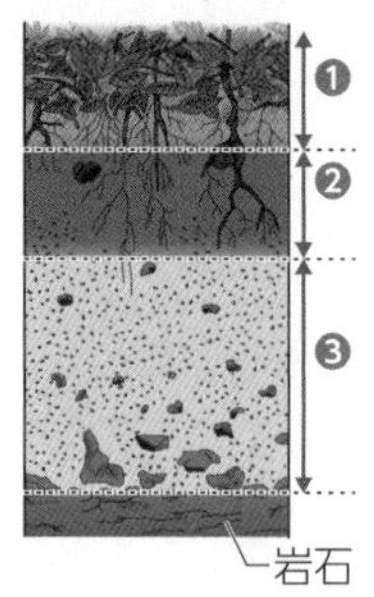

❶落葉や落枝などの(1　　　　)が進む層
❷❶が(1)されて生じた(2　　　　)を含む層
❸❷が(1)されて生じた(3　　　　)がたまる層
このような土中の変化には，(4　　　　)や微生物が関係している。森林内の土壌には，デンプンを分解する微生物が生息しており，土を焼くことで(5　　　　)する。

2 炭素の循環

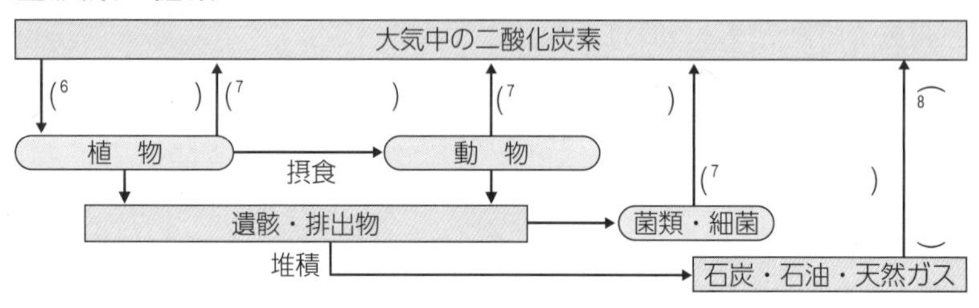

ユレモ，ネンジュモ，アナベナなどの(9　　　　)は植物と同様の光合成ができる。

3 窒素の循環

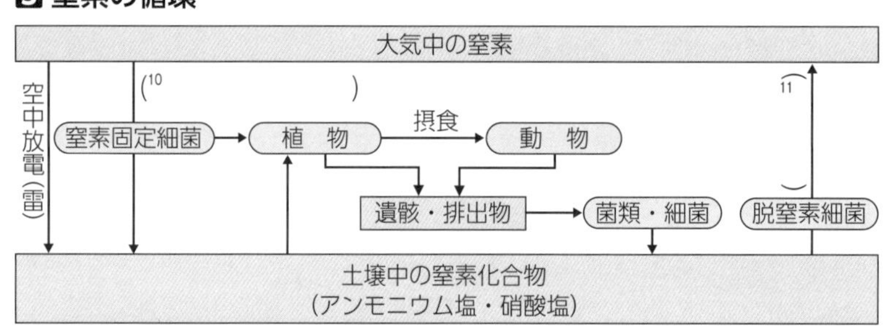

土壌中の窒素は，アンモニウムイオンや硝酸イオンなどの形で存在する。これらは植物に吸収され，(12　　　　)になる。土壌中の窒素は脱窒素細菌の(11)とよばれる作用によって，大気中に戻される。

4 窒素を固定する細菌

大気中の窒素から，植物の養分となるアンモニウムイオンをつくるはたらきを(10)といい，このようなはたらきを行う細菌を窒素固定細菌という。マメ科の植物の根には，(13　　　　)とよばれる粒状のこぶがある。(13)は，(14　　　　)とよばれる窒素固定細菌が根に進入し，増殖してできたものである。

プラス＋
森林の土壌には，土壌動物とは別に，1gあたり数百万個体もの微生物が生息していると考えられている。

プラス＋
シアノバクテリアは葉緑体をもたないが，細胞そのものに光合成に必要なしくみが存在している。

プラス＋
ネンジュモは，球状の細胞が念珠(数珠)のように連なっている。

プラス＋
硝化や脱窒によって，微生物は，生命活動のエネルギーを得ている。

プラス＋
マメ科の植物は，根粒菌から窒素固定でつくられたアンモニウムイオンを受け取っているため，荒れた土地でも生育することができる。

練習問題

学習日：　　月　　日／学習時間：　　分

探究 知識

5. 微生物のはたらき　森林内の土を用いて，次のⅠ～Ⅲの手順で実験を行った。下の各問いに答えよ。

Ⅰ：デンプンを含む滅菌済みの寒天培地を2つのペトリ皿に注ぎ，ふたをして室内で冷ます。

Ⅱ：ペトリ皿Aにはフライパンでよく焼いて冷ました土，ペトリ皿Bには同じくらいの量の焼いていない土をのせ，すばやくふたをする。

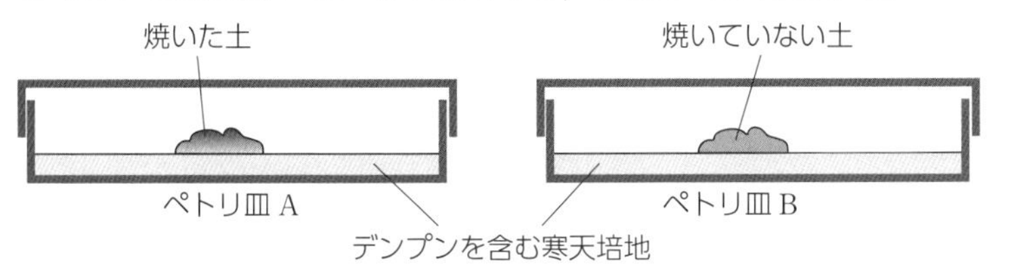

Ⅲ：数日間放置したのち，培地にヨウ素液を流し，土の周辺のヨウ素デンプン反応を確認する。

(1)　ペトリ皿AとBで，ヨウ素デンプン反応はどのようになったと考えられるか。それぞれ次の①，②から選び，番号で答えよ。

①寒天培地はヨウ素液の色にそまった。

②寒天培地は青紫色にそまった。

(2)　ペトリ皿AとBで，(1)のような結果になったのはなぜか。理由として最も適するものを，それぞれ次の①～④から選び，番号で答えよ。

①生きている微生物によって，デンプンが分解されたため。

②余熱でデンプンが分解されたため。

③微生物が死んでおり，デンプンが分解されなかったため。

④生きている微生物が，養分として寒天を分解したため。

5　→まとめ-1

(1) A
B
(2) A
B

ヒント　ヨウ素液は，デンプンと反応して，青紫色を呈する(ヨウ素デンプン反応)。

知識

6. 窒素を固定する細菌　マメ科の植物の根には，粒状のこぶがみられる。このこぶに関して，次の各問いに答えよ。

(1)　次の①～④の植物から，マメ科のなかまではないものを1つ選び，番号で答えよ。

①ゲンゲ　②ダイズ　③エンドウ　④アサガオ

(2)　この粒状のこぶを何というか。

(3)　(2)は，ある細菌が根に進入し，増殖することによってできたものである。その細菌名を答えよ。

(4)　(3)は，空気中の窒素を取り入れて，アンモニウムイオンをつくることができる。このようなはたらきを何というか。

6　→まとめ-4

(1)
(2)
(3)
(4)

思考 記述

7. マメ科の植物と根粒菌の共生　マメ科の植物が，栄養分に乏しい荒れた土地でも生育できるのはなぜか。

→まとめ-4

第2節 微生物とその利用

●教科書 p.98〜103

微生物の利用／食品と微生物(1)(2)

学習のまとめ

1 発酵と腐敗

現象	人間生活との関係
発酵	ヒトに(1 　　　　)な物質が生じる。
(2 　　　　)	ヒトに(3 　　　　)な物質が生じる。

どちらも微生物による有機物の分解に(4 　　　　)を用いない。

プラス＋
今から約6000年前のメソポタミアにおいて，すでにワインの製造にブドウの発酵が利用されていたと考えられている。

2 発酵食品の製造

微生物の発酵を利用してつくられる食品のことを発酵食品といい，その製造に使われる微生物は，(5 　　　　)，(6 　　　　)，(7 　　　　)のなかまに大別される。

プラス＋
微生物を利用してアルコール飲料などの発酵食品を製造することを醸造という。

3 酒類の製造

酵母は，グルコースなどの糖から，(8 　　　　)と二酸化炭素を生成する。このような発酵を(9 　　　　)という。

グルコース ⟶ (8) ＋ 二酸化炭素 ＋ エネルギー

プラス＋
アルコール発酵で生じる二酸化炭素は，石灰水(水酸化カルシウム水溶液)を白濁させることで確認できる。

■ビールの製造

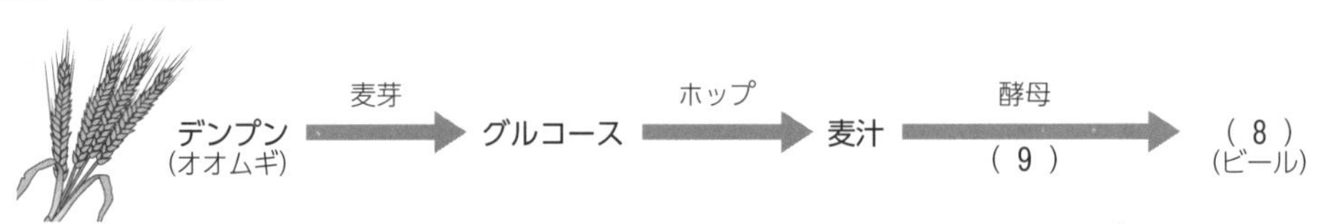

4 発酵調味料の製造

■しょう油の製造

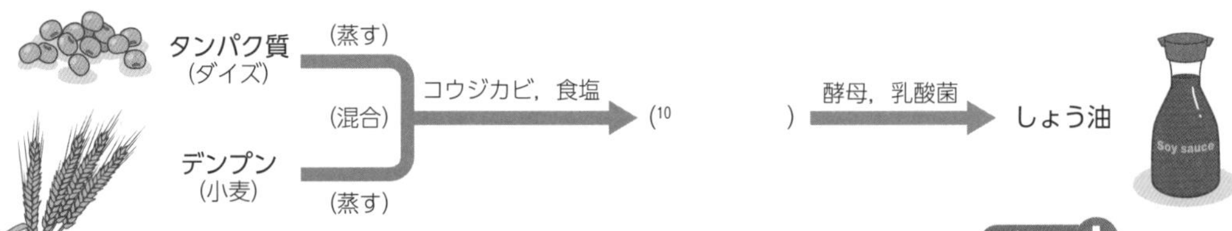

プラス＋
コウジカビは，デンプンだけではなく，タンパク質も分解する。原料が発酵し，やわらかくなった固形物をもろみという。

5 乳酸発酵

チーズやヨーグルトの製造に利用される発酵で，これを行う代表的な微生物は，(11 　　　　)である。乳酸発酵は，次のように表される。

グルコース ⟶ (12 　　　　)＋エネルギー

6 アミノ酸発酵

微生物がアミノ酸をつくる発酵。アミノ酸発酵を利用して，うま味成分の(13 　　　　)が安価に得られるようになった。

プラス＋
グルタミン酸ナトリウムは，池田菊苗によって，だし昆布から発見された。

知識
8. 発酵と腐敗 次の①～⑤から，誤っている記述を2つ選び，番号で答えよ。

①発酵と腐敗は，いずれも微生物によって引きおこされる。
②発酵と腐敗は，いずれも微生物がエネルギーを得る反応である。
③発酵と腐敗は，いずれもヒトにとって有用な物質を生じる。
④発酵は，18世紀から利用されはじめ，ヒトの生活を豊かにしてきた。
⑤発酵食品の製造に使われる微生物は，細菌，酵母，その他のカビのなかまに大別される。

8 →まとめ 1 2

知識
9. アルコール発酵

右図のような装置を用いて，Ⅰ～Ⅳの手順で実験を行った。下の各問いに答えよ。

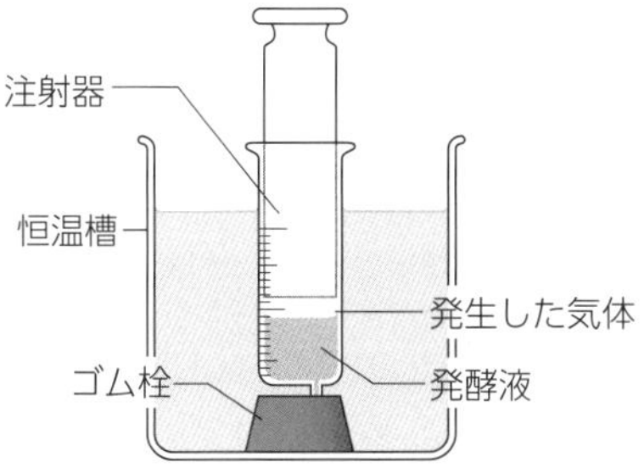

Ⅰ：10％のグルコース水溶液100mLに乾燥酵母5gを加えて発酵液をつくる。
Ⅱ：注射器に発酵液を8mLとり，40℃の温水中に入れる。

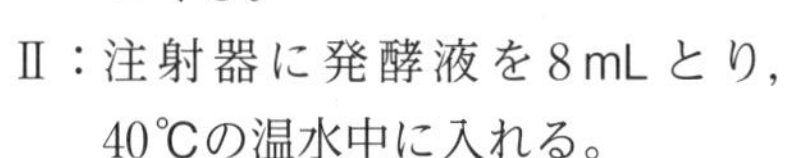

Ⅲ：10分間放置し，注射器内の変化を調べる。
Ⅳ：注射器内の発酵液だけを抜き，発生した気体を0.15％の水酸化カルシウム水溶液内に注入する。

(1) Ⅳの操作を行ったとき，水溶液は何色に濁ったか。次の①～④から選び，番号で答えよ。
①黒色 ②赤色 ③白色 ④緑色
(2) (1)の結果から，発生した気体は何と考えられるか。
(3) (2)の気体以外に，この実験で生じた物質は何か。

9 →まとめ 3
(1)
(2)
(3)

知識
10. 乳酸発酵 乳酸発酵に関する次の各問いに答えよ。

(1) 牛乳中の糖を利用した乳酸発酵で生じる発酵食品を何とよぶか。
(2) 乳酸発酵を利用して製造される食品を次のうちからすべて選び，番号で答えよ。
①牛乳 ②しょう油 ③食塩 ④ダイズ油 ⑤チーズ

10 →まとめ 5
(1)
(2)

知識
11. アミノ酸発酵 アミノ酸発酵に関する次の各問いに答えよ。

(1) アミノ酸発酵で安価に得られるようになったうま味成分は何か。
(2) (1)をだし昆布から発見したのは誰か。

11 →まとめ 6
(1)
(2)

思考 記述
12. みそとしょう油の製造 みその製造では，米または麦にだけコウジカビを生育させる。しょう油の場合はどのように製造するか。

→まとめ 4

第2節 微生物とその利用

●教科書 p.104~107

医薬品と微生物／微生物の利用の広がり

学習のまとめ

1 抗生物質の発見

【研究者】 イギリスの(1　　　　　)

【研究内容】 ブドウ球菌の研究中，培地に混入した(2　　　　　)の周囲ではブドウ球菌が生育しないことから，ブドウ球菌の増殖を抑える物質を発見し，(3　　　　　)と名づけた。このように，微生物が生産し，他の細胞の発育を妨げる物質を(4　　　　　)という。

プラス＋ ペニシリンは，アオカビの学名「ペニシリウム ノターツム」にちなんで名づけられた。

2 ワクチンの開発

【研究者】 イギリスの(5　　　　　)

【研究内容】 (6　　　　　)が流行していた18世紀末，ウシの(6)である「牛痘」に感染したヒトは，(6)に感染しないことに気づいた。(5)は，これを，牛痘の感染によって，(6)に対する抵抗性が備わったためと考え，(6)の(7　　　　　)を開発した。

プラス＋ 体外から侵入した病原体などの異物を抗原といい，これを排除する物質を抗体という。ワクチンの接種によって，抗体で抗原を排除するしくみ(免疫)を効率的に発動させることができる。

3 エネルギー資源の生産と微生物

微生物名	つくられるもの	特徴
(8　　　　　)	(9　　　　　)	水素や二酸化炭素から(9)を生成する。動物の消化器官，沼，海底堆積物，地殻内など，広い範囲に生息する。
ある種の細菌	バイオポリエステル	バイオポリエステルとよばれる(10　　　　　)を合成する。
電子を放出する微生物	微生物燃料電池	排水中の有機物を分解し，(11　　　　　)を得る。

プラス＋ メタン菌は，海底堆積物などの極限環境でも生息できる。このような微生物には，メタン菌のほか，熱水が噴出する高温環境に生息する好熱菌などが知られている。

4 環境浄化

生活排水が海などに流入すると，水中の植物プランクトンが異常繁殖し，(12　　　　　)が発生する。その結果，水中の(13　　　　　)が減少し，魚介類が大量に死滅する。生物を利用して，汚染物質を分解することなどによって環境を浄化する技術を(14　　　　　)という。

プラス＋ バイオレメディエーションは，浄化槽や排水処理施設で行われる。

5 バイオテクノロジー

バイオテクノロジーによって，ウイルスや細菌の(15　　　　　)に，(16　　　　　)を人工的に組みこみ，有益な物質が合成されている。この技術で大量生産されている物質として，血液中の糖(グルコース)の濃度を下げる(17　　　　　)がよく知られている。

プラス＋ 糖尿病の治療薬を大量生産するために，ヒトのインスリン遺伝子を大腸菌のDNAに組みこみ，インスリンを大量に生産している。

練習問題

学習日：　月　日／学習時間：　分

知識

13. 抗生物質の発見　次の表は，抗生物質とそれに関連する事項をまとめたものである。(1)～(10)に最も適する語句を下の①～⑩から選び，それぞれ番号で答えよ。

微生物	抗生物質	発見者	治療対象
(1)	(2)	フレミング	肺炎球菌による肺炎 敗血症，(3)　など
(4)	(5)	ワクスマン，シャッツ	(6)　など
	(7)	エールリッヒ	(8)　など
	(9)	ダガー	(10)　など

①百日咳　②ペニシリン　③放線菌　④発疹チフス
⑤アオカビ　⑥肺結核　⑦ストレプトマイシン
⑧ジフテリア　⑨テトラサイクリン　⑩クロラムフェニコール

13　まとめ 1

(1)	(2)
(3)	(4)
(5)	(6)
(7)	(8)
(9)	(10)

知識

14. ワクチンの開発　ワクチンの開発に関する次の文中の［　］内から，適する方の語句を選び，番号で答えよ。

伝染病を予防するために接種される，毒性を弱めた病原体やその毒素などをワクチンという。

最初のワクチンは，イギリスの(1)［①パスツール・②ジェンナー］が開発した天然痘ワクチンである。彼は，18世紀末，酪農場ではたらく人々のなかに，ウシの天然痘である「牛痘」の感染者がおり，彼らが天然痘が流行したときに発病(2)［③した・④しなかった］ことに気づいた。この事実から，(1)は，牛痘の感染によって，天然痘に対する抵抗性が(3)［⑤備わる・⑥備わらない］と考えた。

この仮説を確かめるために，牧童に，牛痘に(4)［⑦かかった・⑧かかっていない］ヒトの膿を接種し，その後，天然痘の膿を接種し，牧童が天然痘を発病(5)［⑨する・⑩しない］ことを確認した。このようにして，(1)は，天然痘を予防する(6)［⑪牛痘法・⑫種痘法］を発明した。

14　まとめ 2

(1)	(2)
(3)	(4)
(5)	(6)

知識

15. エネルギー資源の生産と微生物　次の①～④のうちから，メタン菌の説明として正しいものを1つ選び，番号で答えよ。

①排水中の有機物を分解し，電気エネルギーを得る。
②生産する酵素は熱に強く，バイオテクノロジーに利用される。
③動物の消化器官，沼，海底堆積物など，広い範囲に生息している。
④バイオポリエステルとよばれる生分解性プラスチックを合成する。

15　まとめ 3

思考　記述

16. バイオテクノロジー　大腸菌を利用して，ヒトの糖尿病の治療薬を生産する方法はどのようなものか。

まとめ 5

●教科書 p.112〜117

1 温度と熱運動／熱容量と比熱(1)(2)

学習のまとめ

1 温度と熱運動

日常生活に広く用いられる温度を(1　　　　　　　　　)温度といい，単位には℃を用いる。この温度では，１気圧のもとで，氷の融ける温度は０℃，水が沸騰する温度は100℃となる。

物体を構成する粒子の熱運動は，温度が高いほど激しくなり，(2　　　　　　)℃となると停止する。このときの温度を０ケルビンとし，目盛りの間隔を(1)温度と同じにした温度を(3　　　　　)温度といい，単位にはＫを用いる。

０Ｋ＝(4　　　　　　)℃である。

2 熱とエネルギー

(5　　　　)の物体Ａと(6　　　　)の物体Ｂを接触させると，やがて両物体の温度は等しくなる。このとき，両物体は(7　　　　　)の状態にあるという。

(8　　　)…温度の異なる物体が接触するとき，高温の物体から低温の物体へ移動する熱運動のエネルギーで，その量を(9　　　　)という。
(9)の単位にはＪ(ジュール)を用いる。

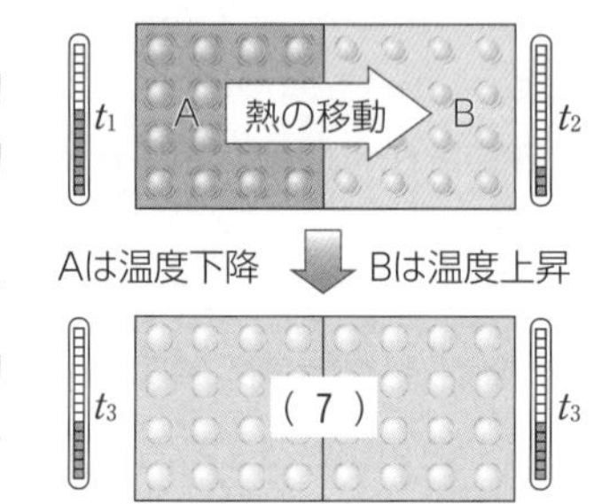

物体間で熱の移動がおこるとき，高温の物体が失った熱量は，低温の物体が得た熱量に等しい。これを(10　　　　　　　)という。

3 熱容量と比熱

(11　　　　　　)…物体の温度を１Ｋ上げるのに必要な熱量。
単位にはJ/K(ジュール毎ケルビン)を用いる。

熱容量 C〔J/K〕の物体がある。この物体の温度を T_1〔K〕から T_2〔K〕に上げるのに必要な熱量 Q〔J〕は，熱容量 C と温度 T_1，T_2を用いて，

Q ＝(12　　　　　　　　　　　　)と表すことができる。

(13　　　　　　)…物質１gの温度を１Ｋ上げるのに必要な熱量。
単位にはJ/(g·K)(ジュール毎グラム毎ケルビン)を用いる。

比熱 c〔J/(g·K)〕の物質でつくられた質量 m〔g〕の物体がある。この物体の温度を T_1〔K〕から T_2〔K〕に上げるのに必要な熱量 Q〔J〕は，比熱 c と質量 m と温度 T_1，T_2を用いて，

Q ＝(14　　　　　　　　　　　　)と表すことができる。

したがって，比熱が c〔J/(g·K)〕の物質でつくられた質量 m〔g〕の物体の熱容量 C〔J/K〕は，C ＝(15　　　　　)と表すことができる。

プラス＋
温度と熱が違うことに注意する。風邪をひいたとき，「熱を計る」というが，物理的には誤った表現である。正しくは「体温(温度)を計る」である。

プラス＋
０Ｋを絶対零度という。絶対零度では，すべての物質で，構成する原子や分子の熱運動が停止する。絶対零度よりも低い温度は存在しない。

プラス＋
１Ｋだけ温度が上昇することと，１℃だけ温度が上昇することは同じである。したがって，絶対温度の変化はセルシウス温度の変化で求めることができる。
T_1〔K〕(＝ t_1〔℃〕)から T_2〔K〕(＝ t_2〔℃〕)に温度が上昇したとき，

$$T_2 - T_1 = t_2 - t_1$$

練習問題

学習日：　　月　　日／学習時間：　　分

知識

1. セルシウス温度と絶対温度　次の各問いに答えよ。

(1)　27℃は何Kか。

(2)　77Kは何℃か。

1　まとめ 1

知識

2. 熱容量と比熱　次の各問いに答えよ。

(1)　比熱0.39J/(g·K)の銅でできた200gの容器の熱容量は何J/Kか。

(2)　15℃の熱容量35J/Kの物体に700Jの熱を加えると物体の温度は何℃になるか。

(3)　比熱4.2J/(g·K)の水100gの温度を20K(20℃)上げるのに必要な熱量は何Jか。

2　まとめ 3

(1)	J/K
(2)	℃
(3)	J

ヒント

$C = mc$

$Q = C(T_2 - T_1)$

$Q = mc(T_2 - T_1)$

知識

3. 熱量の保存　10℃の水300gと，50℃の水100gを混合した。水の比熱を4.2J/(g·K)として，次の各問いに答えよ。熱は外部に逃げないものとする。

(1)　混合後，熱平衡に達したときの温度をt[℃]として，

①　10℃の水が得た熱量を表す式を記せ。

②　50℃の水が失った熱量を表す式を記せ。

(2)　上の①と②が等しいことから，t[℃]を求めよ。

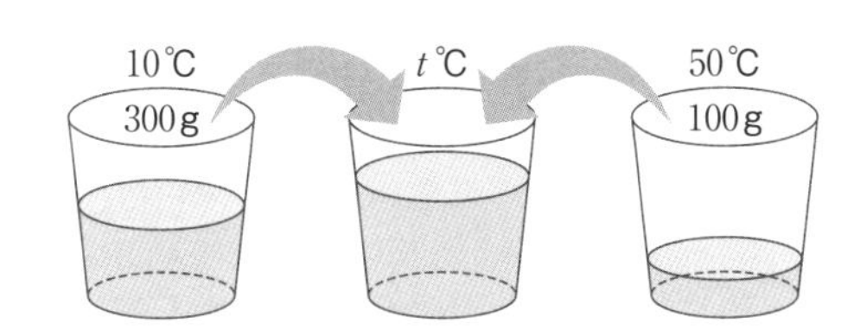

3　まとめ 2 3

(1) ①	
②	
(2)	℃

探究　知識

4. 物質の温まりやすさ　水と食用油の温まりやすさを調べるために，次のような実験を行った。(　　)内に適当な語や式を記入せよ。また(5)については①，②のいずれかを番号で答えよ。

水と食用油をそれぞれ350gずつビーカーに入れてホットプレートで同じだけ熱を加えた。このとき，水は13℃上昇し，食用油は22℃上昇した。この結果から，(　1　)の方が温まりやすいことが分かる。

次に，水と食用油の比熱を比較する。水の比熱をc_1[J/(g·K)]，食用油の比熱をc_2[J/(g·K)]とすると，水の得た熱量は(　2　)，食用油の得た熱量は(　3　)と表すことができる。(2)と(3)が等しいことから，(　4　)の方が比熱が大きいことが分かる。このことから，比熱が(5　①大き，②小さ　)い物質の方が，温まりやすい物質といえる。

4　まとめ 3

(1)	
(2)	
(3)	
(4)	
(5)	

思考　記述

5. 熱運動　同じ体積の冷たい水と熱い湯の中に，牛乳をそれぞれ1滴ずつ入れて観察すると，熱い湯の方が速く拡散するのはなぜか。

まとめ 1

●教科書 p.118～121

熱の伝わり方／仕事や電流と熱の発生

学習のまとめ

1 熱の伝わり方

(1　　　　　)…高温の部分から低温の部分に熱が伝わる現象。
(2　　　　　)…液体や気体の流れに伴う熱の移動。
(3　　　　　)…電磁波の形で熱が運ばれる現象。
(4　　　　　)…物質の状態を変化させるために使われる熱。特に物質の融解に使われる熱を(5　　　　　)，物質の蒸発に使われる熱を(6　　　　　)という。

2 仕事とエネルギー

物体に加える力F〔N〕と，力の向きに動いた距離x〔m〕の積Fxを(7　　　　)といい，その単位には(8　　　　　)(記号J)を用いる。

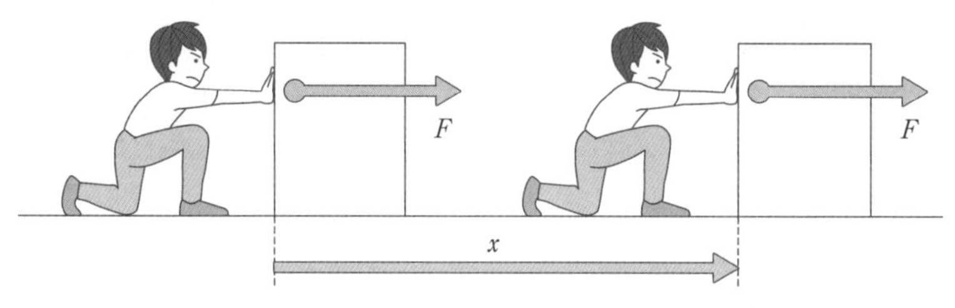

物体が仕事をする能力をもっているとき，その物体は(9　　　　　)をもつという。運動している物体がもつエネルギーを(10　　　　　)エネルギーといい，高い位置にある物体のもつエネルギーを重力による(11　　　　　)エネルギーという。(10)エネルギーと(11)エネルギーの和を(12　　　　　)エネルギーという。

3 熱と仕事

水1gの温度を1K上昇させるのに必要な熱量に相当する仕事の量は，(13　　　　　)Jである。

4 電流と熱

(14　　　　　)…電熱線のような電気抵抗のある物体に電流が流れることによって発生する熱。

電流による発熱量Q〔J〕は，電圧V〔V〕，電流I〔A〕，電流を流す時間t〔s〕によって，$Q=$(15　　　　　)と表される。この式は，消費された電気エネルギーが熱Q〔J〕に変わったことを示しており，この電気エネルギーの総量W〔J〕を(16　　　　　)という。

$W=Q=$(17　　　　　)

1秒間に消費される電気エネルギーの量Pを(18　　　　)といい，その単位には(19　　　　　)(記号W)が用いられる。P〔W〕は電圧V〔V〕，電流I〔A〕によって，$P=$(20　　　　)と表される。

プラス＋
一般に金属は熱伝導性が大きい。そのため，金属に触れると，短時間のうちに指先の熱が奪われるため，冷たく感じる。

プラス＋
物体に力を加えても動かないとき，または，力の向きと動く向きが垂直のとき，仕事は0Jである。

プラス＋
運動エネルギーは物体の質量と速さの2乗に比例する。また，位置エネルギーは物体の質量と高さに比例する。

プラス＋
ジュール熱を利用したものには，ドライヤーなどの乾燥機のほか，暖房器具や調理器具などがある。

練習問題

学習日：　　月　　日／学習時間：　　分

知識
6. 熱の伝わり方　次の(1)〜(3)にあてはまる熱の伝わり方はどれか。下の①〜③から選び，それぞれ番号で答えよ。

(1)　赤外線ストーブに手をかざすと暖かい。
(2)　フライパンの取っ手が熱くなる。
(3)　ストーブの上では暖かい空気が上昇しているのがわかる。

①熱伝導　②対流　③熱放射

6　まとめ 1

(1)
(2)
(3)

知識
7. 仕事とエネルギー　次の(1)〜(4)でAさんのした仕事はそれぞれ何Jか。

(1)　Aさんが机に200Nの力を加えて，力の向きに5.0m動かした。
(2)　Aさんがイスの上に乗り，Bさんがイスに200Nの力を加えて，力の向きに5.0m動かした。
(3)　Aさんが黒板を500Nの力で押したが，黒板は動かなかった。
(4)　Aさんが100gの水をかきまぜ，水の温度が10℃上昇した。

7　まとめ 2 3

(1)	J
(2)	J
(3)	J
(4)	J

知識
8. 位置エネルギーと運動エネルギー　次の各問いに答えよ。

(1)　ある物体を基準の位置からの高さ10mから20mに引き上げた。位置エネルギーは何倍になったか。
(2)　質量10tのトラックのもつ運動エネルギーは，同じ速さで走行する質量1.0tの自動車のもつ運動エネルギーの何倍か。

8　まとめ 2

(1)	倍
(2)	倍

知識
9. 熱と仕事　古くから摩擦によって熱が発生することが知られている。これは摩擦力に逆らってする仕事が熱エネルギーに変換するためである。摩擦力に逆らって840Jの仕事をしたときに発生する熱を200gの水に加えると仮定すると，水の温度は何℃上昇するか。

9　まとめ 3

	℃

ヒント
水1gを1℃上昇させる熱は4.2Jの仕事の量に相当する。

知識
10. ジュール熱と電力　次の各問いに答えよ。

(1)　電熱線に10Vの電圧をかけ，0.20Aの電流を100秒間流した。このとき，発生するジュール熱は何Jか。
(2)　教室の蛍光灯には「40W」と表示があった。次の各問いに答えよ。ただし，教室内の電源の電圧は100Vとする。
　①　この蛍光灯を流れる電流は何Aか。
　②　この蛍光灯を22秒間使用したときの電力量は何Jか。
　③　同じ明るさのLEDの消費電力は45％少ない。このLEDの消費電力は何Wか。

10　まとめ 4

(1)	J
(2) ①	A
②	J
③	W

思考　記述
11. 状態変化と熱　水を加熱すると，水の温度は上昇し，やがて沸点に達する。このとき，すべての水が水蒸気に変わるまで，温度が一定に保たれるのはなぜか。

まとめ 1

●教科書 p.122〜127

エネルギーの移り変わり／エネルギー資源の有効活用

学習のまとめ

1 形態を変えるエネルギー

エネルギーは，他の形態のエネルギーに互いに移り変わる。

2 エネルギーの保存

エネルギーは，どのような形態のものに変換されても，変換の前後において，その総和は一定に保たれる。

これを(1　　　　　　　　　　)の法則という。

3 可逆変化と不可逆変化

外部に影響を与えずに再びもとの状態にもどることのできる変化を(2　　　　　)変化という。一方，ひとりではもとにもどらない変化を(3　　　　　)変化という。

4 熱機関とエネルギーの変換効率

(4　　　　　　)…熱をくり返し仕事に変える装置。
ガソリンエンジン，蒸気機関などがある。

(4)において，受け取った熱を Q_1，した仕事を W，外部に放出した熱を Q_2 とすると，その熱効率 e は，次式で表される。

$$e = \frac{(^{5}\qquad)}{Q_1} = \frac{Q_1 - Q_2}{(^{6}\qquad)}$$

5 省エネルギーの試み

わたしたちは，石油や石炭のような(7　　　　　　)をおもなエネルギー源として使っている。(7)は，埋蔵量に限りがあり，消費するときには，地球温暖化の原因の1つと考えられている(8　　　　　　)を大量に発生する。

そのため，エネルギーをより効率的に利用する(9　　　　　　)の試みが行われている。たとえば，家庭や工場では，(7)を燃やし，発電と同時に発生した熱を利用する(10　　　　　　)システムの導入が進められている。

6 エネルギー資源の開発

(11　　　　　　)…太陽光のエネルギーを，太陽電池で電気エネルギーに変換する発電。発電時に二酸化炭素を排出しない。しかし，発電量が天候に左右されるなどの欠点がある。

(12　　　　　　)…風のエネルギーを利用した発電。発電施設の騒音や発電量が風の状況に左右されるなどの欠点がある。

(13　　　　　　)…地熱を利用した発電。

プラス＋

エネルギーには次のようなものがある。
- 力学的エネルギー
- 熱エネルギー
- 化学エネルギー
- 電気エネルギー
- 光エネルギー
- 核エネルギー

プラス＋

湯のみの中の湯が冷めるときのように，熱の放出を伴う変化は，一般に不可逆変化である。

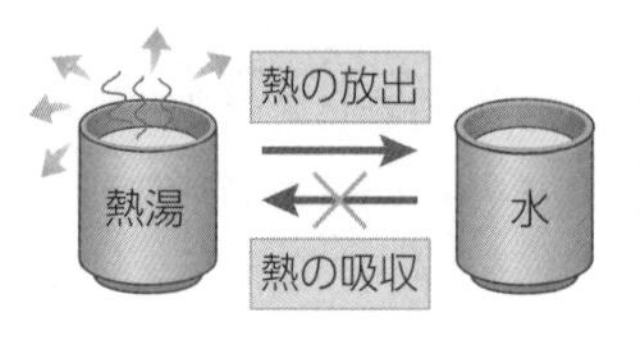

プラス＋

省エネルギーの取り組み例の1つとしてハイブリットカーがある。走行状況に応じて，効率のよい動力が使われ，減速時に電気エネルギーをつくってバッテリーにたくわえるなど，エネルギーを効率的に使うことができる。

プラス＋

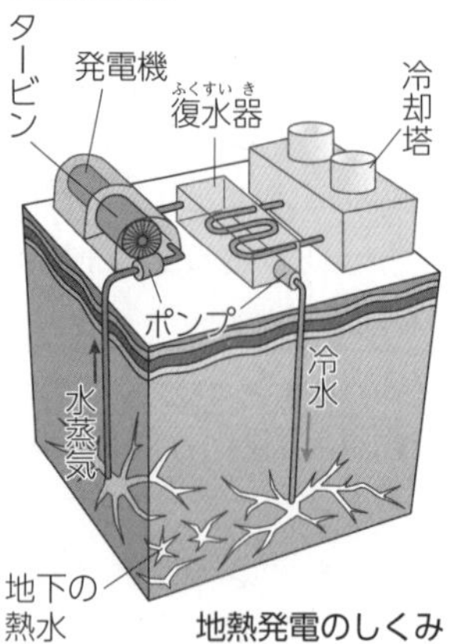

地熱発電のしくみ

知識

12. エネルギーの変換　次の①～④は，エネルギーの変換の過程と，その変換を行う現象や装置を表している。(1)～(3)にはエネルギーの種類，a と b には，それぞれ現象や装置の名称を記入せよ。

① （電気エネルギー）→〈　a　〉→（光エネルギー）
② （電気エネルギー）→〈電 熱 線〉→（　1　）
③ （　2　）→〈水力発電〉→（　3　）
④ （化学エネルギー）→〈　b　〉→（電気エネルギー）

12　まとめ 1 2

(1)	エネルギー
(2)	エネルギー
(3)	エネルギー
a	
b	

知識

13. 可逆変化と不可逆変化　次の(1)～(3)の記述のうち，正しいものには○を，誤っているものには×を記入せよ。

(1) 自動車がブレーキをかけて止まった現象は不可逆変化であるが，このとき，エネルギーは保存されている。
(2) ブランコの振動は，摩擦や空気抵抗を無視できれば可逆変化である。
(3) 30℃のぬるま湯から，0℃の水と100℃の熱湯を取り分けることができる。

13　まとめ 3

(1)	(2)
(3)	

知識

14. 熱効率　次の各問いに答えよ。　(指数の計算のしかたは p.71参照)

(1) 熱効率0.20のガソリンエンジンで，1.0L のガソリンを消費した。何 J の仕事を取り出すことができるか。ガソリン1.0L を燃やすと，3.3×10^7 J の熱エネルギーが発生するものとする。
(2) ある熱機関に3.6×10^6 J の熱を与えたところ，9.0×10^5 J の仕事をした。次の①と②の値を求めよ。
①熱効率
②外部に放出された熱量〔J〕

14　まとめ 4

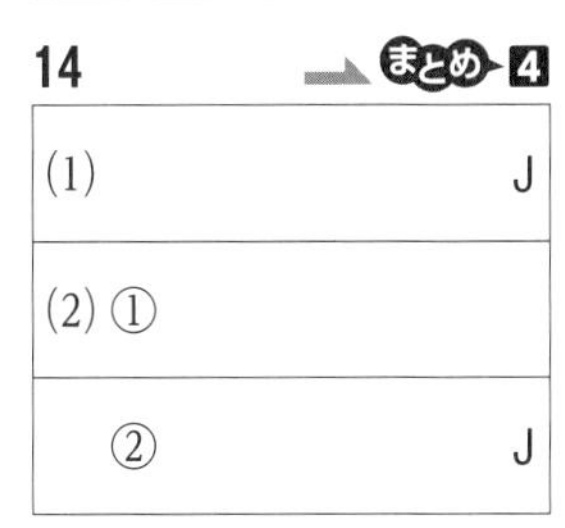

(1)	J
(2) ①	
②	J

ヒント

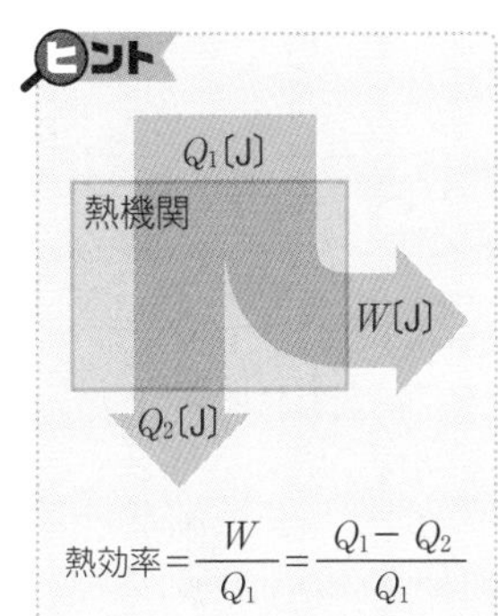

$$熱効率=\frac{W}{Q_1}=\frac{Q_1-Q_2}{Q_1}$$

知識

15. 省エネルギー・エネルギー資源の開発　次の(1)～(4)の記述のうち，正しいものには○を，誤っているものには×を記入せよ。

(1) 化石燃料は，太陽からの光のエネルギーがもとになっている。
(2) 石油などを燃やして，熱エネルギーを電気エネルギーに変換して利用するときに，熱も同時に利用して，全体のエネルギーの利用割合を高めるしくみをハイブリッドシステムという。
(3) ハイブリッドカーでは，二酸化炭素の発生はない。
(4) 風力発電は，発電量が不安定であるが，他の発電方法に比べて経費を抑えられるなどのメリットがある。

15　まとめ 5 6

(1)	(2)
(3)	(4)

思考　記述

16. 化石燃料　現在，化石燃料をおもなエネルギー源としているが，その問題点を2つ答えよ。

まとめ 5 6

第1節 熱の性質とその利用

●教科書 p.130〜133

1 光の発生と速さ／光の反射・屈折

学習のまとめ

1 波としての光

波は，ある場所に生じた振動が，その周囲に次々と伝わる現象である。光も(1　　　　)とよばれる波の一種である。

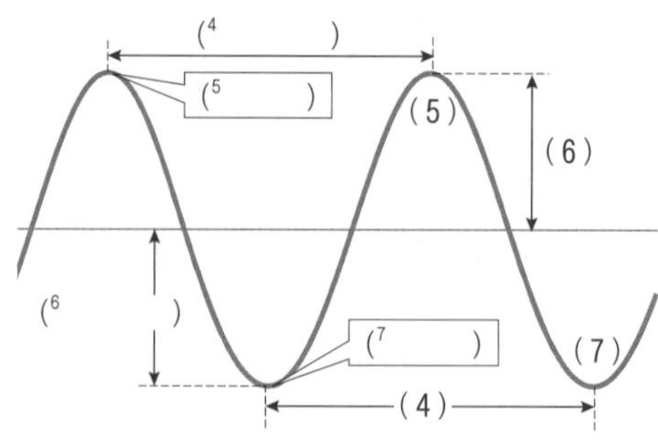

光源には，太陽をはじめとして，教室の天井にもある(2　　　　)や，半導体を組み合わせたものに電流を流して発光させる(3　　　　)(LED)などがある。

2 光の速さ

光が真空中を伝わるときの速さ c は(8　　　　)m/s と定められている。

光がまっすぐに進むことを(9　　　　)という。

3 光の反射

光は，鏡にあたると(10　　　　)する。図の①の光を(11　　　　)光，②の光を(12　　　　)光といい，垂線となす角度 i を(13　　　　)角，i' を(14　　　　)角という。i と i' の大きさは，互いに(15　　　　)い(反射の法則)。すなわち，(16　　　　)＝(17　　　　)の関係が成り立つ。

4 光の屈折

光は異なる物質に入射するとき，一部は反射，残りは(18　　　　)して別の物質に進入する。右図中の r が示す角を(19　　　　)角という。

光が真空中(≒空気中)から水やガラスに進入するとき，$\frac{a}{b}$ の値 n は，入射角 i を変化させても常に一定の値となる。この一定値 n を，物質の(20　　　　)という。

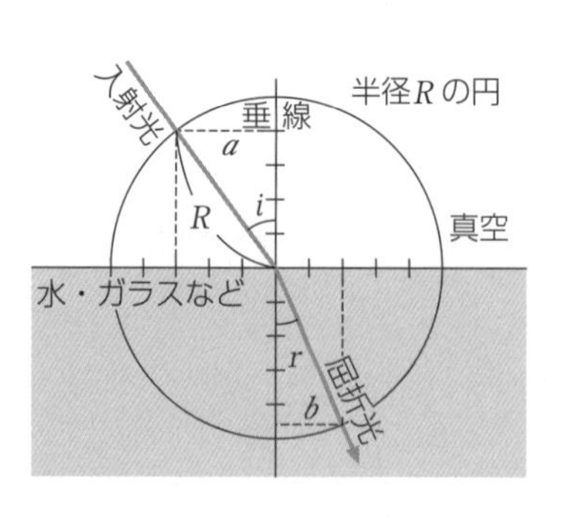

プラス＋
蛍光灯は，放電によってガラス管内の水銀の蒸気から紫外線が発生し，その紫外線がガラス管の内側に塗られた蛍光物質にあたることによって発光する。

プラス＋
地上の実験によって，光速をはじめて測定したのは，フランスのフィゾーである(1849年)。

プラス＋
ヒトは，物体から出てそのまま直進してきた光と，途中で反射や屈折をしてきた光を区別できない。そのため，眼に入ってきた光を延長した位置に物体があるように見える。

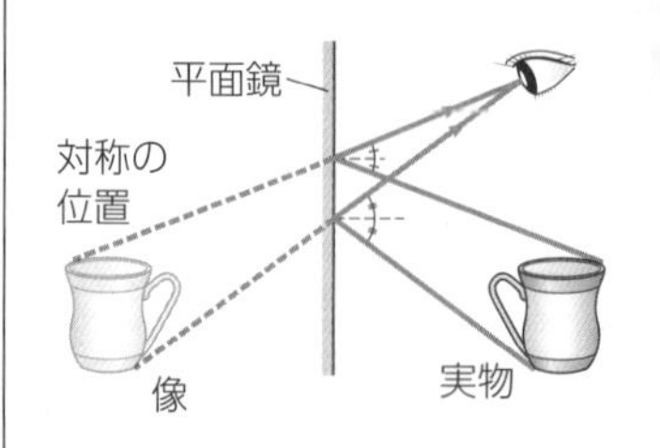

鏡に写った物体

練習問題

学習日：　月　日／学習時間：　分

知識

1. 光の発生 わたしたちは，さまざまなエネルギーを変換し，光源としている。次の(1)~(3)の光源はどのようなエネルギーを利用したものか。

(1) 太陽の光　(2) 発光ダイオードの光　(3) ホタルの光

1　まとめ 1

(1)	エネルギー
(2)	エネルギー
(3)	エネルギー

ヒント
ホタルは，体内で作られた物質が化学反応することで発光する。

知識

2. 光の速さ 次の文中の(　)にあてはまる語句や数値を記入せよ。

光の伝わる速さをはじめて測定しようとしたのは，イタリアの科学者(　1　)といわれている。しかし，光はあまりにも速く，測定は失敗した。

現在，真空中における光の速さは(　2　)m/s と知られている。これは，1秒間に地球を約(　3　)周する距離を進む速さに相当する。

雲間や木立ちのすき間からもれる太陽光の通り道は，直線状に見える。このように，光がまっすぐに進むことを(　4　)という。

2　まとめ 2

(1)
(2)
(3)
(4)

知識

3. 光の反射 身長160cm の人が，地面に対して垂直に立つ鏡の前にまっすぐに立っている。全身を見るために必要な鏡の大きさを求めたい。次の各問いに答えよ。

(1) 鏡に映った人の像を作図せよ。(人の形は簡略化してよい)

(2) 頭の先Aから出た光が，眼に入るまでの道筋を作図せよ。

(3) つま先Bから出た光が，眼に入るまでの道筋を作図せよ。

(4) 全身を見るのに必要な鏡の長さは，少なくとも何 cm か。次の①~④から選べ。

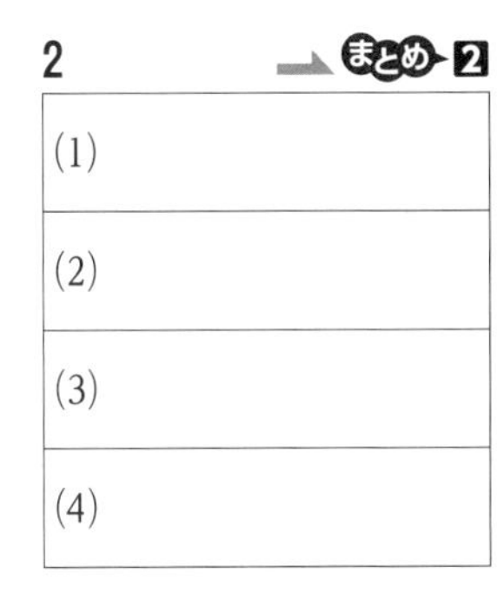

① 50cm　② 80cm　③ 160cm　④ 320cm

3　まとめ 3

(1)~(3)	図中に記入
(4)	

知識

4. 光の屈折 水が入ったコップの底にある物体は，実際の位置よりも浮かんで見える。これと同じ原理でおこる現象として正しいものを次のうちからすべて選び，番号で答えよ。

①昼間，日光が物体にあたると，影ができる。
②指先を上向きにして，手を水中に入れると，指が短く見える。
③水たまりに空が映って見える。
④満月が明るく見える。
⑤しんきろう(遠くにある地上や水上の物体が浮き上がって見えたり，逆さまに見えたりする現象)

4　まとめ 4

ヒント
しんきろうは，密度が異なる大気の中で，光が屈折することによって生じる。

思考　記述

5. 光の屈折 水の入った容器にまっすぐなストローを入れて，上から見ると，ストローが折れ曲がって見えるのはなぜか。

第2節 光の性質とその利用

●教科書 p.134〜139

光の分散／光の散乱／光の回折・干渉・偏光

学習のまとめ

1 光の分散

太陽や白熱電球の光は，明暗はあるが，色はない。このような光を(1　　　　)光という。(1)光のうち，ヒトの眼に見える部分を，(2　　　　)という。

太陽光などをプリズムに通すと，波長の(3　　　)い紫色から，波長の(4　　　)い赤色までの光に分かれる。この現象を，光の(5　　　　)といい，(5)によって現れる光の帯を(6　　　　　)という。

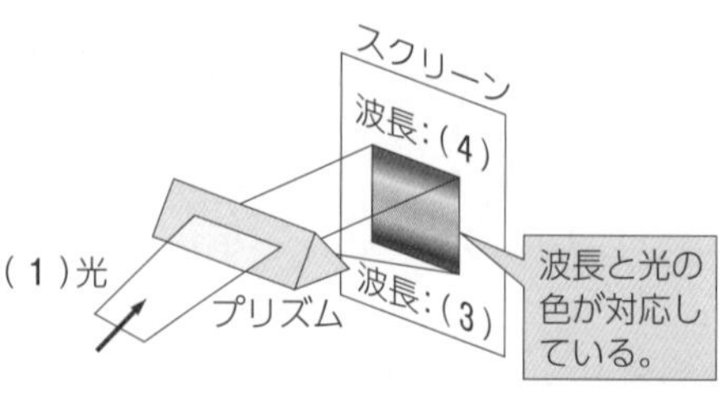

2 光の散乱

光の(7　　　　)…光が分子などにぶつかってあらゆる方向に反射する現象。昼間に空が青いのは，太陽光のうちの青い光が大気中で(7)されることによる。夕日が赤いのは，太陽光のうちの(8　　　　)色の光が，大気中で(7)されずに眼に届くためである。

3 光の回折・干渉

(9　　　　)…波が障害物の背後にまわりこむ現象。光も，幅0.1mm程度の細いすき間(スリット)に通すと(9)をおこす。

(10　　　　)…2つ以上の波が重なり合い，強め合ったり弱め合ったりする現象。下図のように，2本の細いスリットなどを通った光は，(10)をおこし，スクリーン上に明暗の縞をつくる。

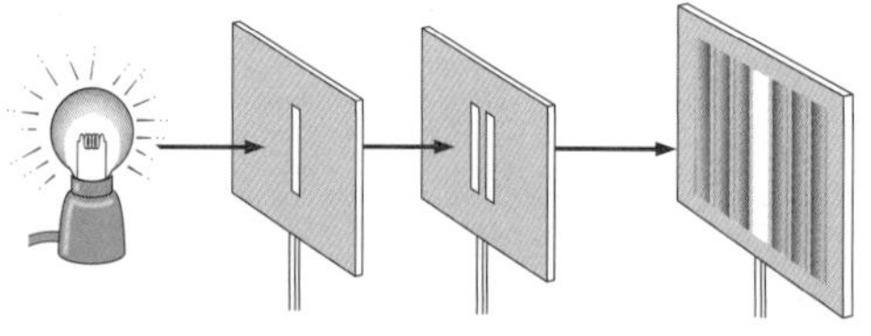

4 偏光

太陽や白熱電球の光は，さまざまな方向に振動する光の集まりである。しかし，(11　　　　)板を通すと，ある1つの方向にだけ振動する(12　　　　)になる。

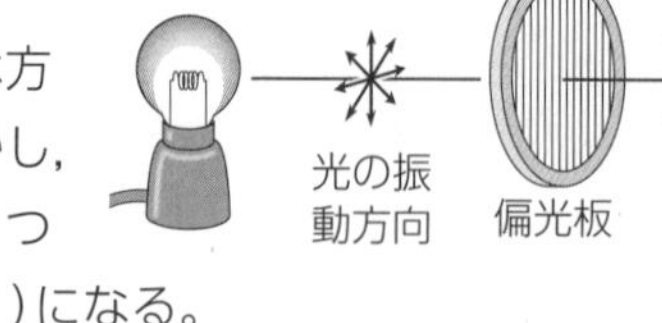

プラス＋

物体が色づいて見えるのは，物体の表面で，特定の色の光が反射されるためである。
赤いリンゴの表面では，赤色の光が反射され，その他の色の光は吸収されている。

プラス＋

光の波長(真空中)

光	光波長のおよその範囲〔nm〕	色
紫外線	約10～380	
可視光線	380～430	紫
	430～490	青
	490～550	緑
	550～590	黄
	590～640	橙
	640～770	赤
赤外線	770～約10^5	

※ $1\,\mathrm{nm}=\frac{1}{10^9}\,\mathrm{m}$

プラス＋

色の三原色は，赤(マゼンタ)，黄(イエロー)，青(シアン)であり，混ぜると黒になる。
光の三原色は，赤，緑，青であり，混ぜると白になる。

プラス＋

虹は空気中の水滴で太陽光が反射・屈折することによって，太陽と反対側の方角にできる。光の色によって屈折する方向が異なる(分散する)ため，色づいて見え，内側が紫，外側が赤く見える。

プラス＋

偏光板は，カメラのフィルターなどに利用される。

練習問題

学習日：　　月　　日／学習時間：　　分

知識

6. 光の性質　次の①～⑤の記述から，正しいものをすべて選び，番号で答えよ。

①木の葉が緑に見えるのは，木の葉にあたった白色光のうち，緑色の光が葉に吸収されるためである。

②ナトリウムランプなど，高温の気体から発生する光は，線スペクトルになっている。

③光は，通すスリットが細いほど回折しやすい。

④虹は，必ず太陽と同じ方角にできる。

⑤夕日が赤いのは，赤い光が大気中で散乱されやすいからである。

6　→まとめ 1 2 3

ヒント
波がすき間を通るとき，波長に比べてすき間が狭いほど回折をおこしやすい。

探究　知識

7. 光の分散　暗い部屋で，白熱電灯・ナトリウム灯を直視分光器で観察した。以下の各問いに答えよ。

(1)　白熱電灯を観察すると様々な色の光が観測された。

①この光(スペクトル)を何スペクトルというか。

②さまざまな光の中で，赤，青，黄，紫はどのような順に並ぶか。紫から順に並べよ。

(2)　ナトリウム灯を観察すると，特定の波長の光が明るく光った。この光(スペクトル)を何スペクトルというか。

7　→まとめ 1

(1) ①　　スペクトル

②
紫 →　　→　　→

(2)　　スペクトル

知識

8. 光の散乱　ペットボトルに入れた水に牛乳を数滴たらし，白く濁らせた。このペットボトルごしに発光ダイオード(LED)の光を観察したとき，最も暗くなるのはどの色か。青，緑，赤のうちから1つ選べ。

LED
観測者
牛乳で濁らせた水

8　→まとめ 2

知識

9. 光の回折・干渉・偏光　次の(1)～(4)の文中にある①，②のうちから正しいものを選び，それぞれ番号で答えよ。

(1)　水面を伝わる波は，障害物の背後にまわりこむ。このような波に特有の現象を(①回折　②干渉)という。

(2)　2本の細いスリットを通って回折した光は，重なり合って強め合ったり弱め合ったりする。このような現象を(①散乱　②干渉)という。

(3)　2枚の偏光板を通して自然光を見るとき，それぞれの偏光板を通過する光の振動の向きが同じであれば，光は(①通過できない　②通過できる)。

(4)　偏光板を用いると消すことができるのは水面で(①反射　②屈折)した光である。

9　→まとめ 3 4

(1)

(2)

(3)

(4)

思考　記述

10. 偏光　偏光板を回転させながら液晶テレビの画面(又はパソコンや電卓の液晶画面)を見ると，暗くなったり明るくなったりするのはなぜか。

→まとめ 4

電磁波の種類とその利用(1)(2)

●教科書 p.140～143

学習のまとめ

1 電磁波の種類

波長が0.1mm程度よりも長い電磁波を([1])という。波長が0.1mm～1.0mのものは，特に([2])波とよばれる。

レントゲン写真に用いられる([3])や，放射線の一種であるγ線は，波長が$\frac{1}{10^9}$m以下である。

波長〔m〕 $\frac{1}{10^{12}}$　$\frac{1}{10^{10}}$　$\frac{1}{10^{8}}$　$\frac{1}{10^{6}}$　$\frac{1}{10^{4}}$　$\frac{1}{10^{2}}$　1　10^2　10^4

名称	用途
γ線	材料検査・医療
X線	X線写真
紫外線	殺菌，3Dプリンター
可視光線	光通信，光学機器
赤外線	リモコン，赤外線センサー
マイクロ波・電波：サブミリ波	電波望遠鏡
マイクロ波・電波：ミリ波	衛星放送・気象レーダー
マイクロ波・電波：センチ波	電子レンジ
マイクロ波・電波：極超短波	携帯電話
電波：超短波	FMラジオ放送
電波：短波	船舶無線
電波：中波	AMラジオ放送
電波：長波	電波時計

プラス＋
電子レンジは，マイクロ波によって水分子を振動させ，食品をあたためる。

2 赤外線と紫外線

電磁波には，可視光線のほかに，([4])や([5])などもある。

(4)…赤色光よりも波長の長い領域。物体に照射すると，その物体をあたためる性質をもち，([6])ともよばれる。

(5)…紫色光よりも波長の短い領域。化学変化を進めるはたらきがあり，殺菌灯や印刷などの工業分野などに利用される。

プラス＋
赤外線は，テレビのリモコンなどにも広く利用されている。
紫外線は，英語の頭文字から，UVとよばれることも多い。

3 電磁波の利用

電磁波を利用した情報の伝達手段としては，([7])電話やテレビ，ラジオのほか，カーナビゲーションに代表される([8])などがある。

医療分野では，X線を用いた([9])写真やCTスキャナーがある。また，γ線を用いた([10])ナイフなどの装置がある。工業分野では，X線やγ線が，製品を破壊することなく内部を調べる非([11])検査に利用されている。

プラス＋
GPSは，Global Positioning Systemの略である。4つ以上の人工衛星から届く信号の時間差から位置を割り出している。

練習問題

学習日：　　月　　日／学習時間：　　分

知識

11. 電磁波の種類　次の①～⑨から電磁波をすべて選び，番号で答えよ。

①水面波　②マイクロ波　③衝撃波　④可視光線
⑤赤外線　⑥電流　⑦超音波　⑧X線　⑨雷鳴

11 → まとめ 1 2

知識

12. 電磁波の性質　次の(1)～(7)のうち，正しいものには○を，誤っているものには×を記入せよ。

(1)　紫外線は，その性質から熱線ともよばれる。
(2)　携帯電話に使われている電波と，電子レンジに使われている電波は，いずれもマイクロ波である。
(3)　電磁波は，一般に波長が短いほど人体に与える影響が大きい。
(4)　赤外線は，高温の物体から，より強く放射される。
(5)　γ線は放射線の一種であり，電磁波ではない。
(6)　GPSで位置を正確に知るためには，信号を発する人工衛星が4つ以上必要である。
(7)　電磁波の回折の度合いは，波長に関係なく，同じである。

12 → まとめ 1 2 3

(1)	(2)
(3)	(4)
(5)	(6)
(7)	

ヒント
波長が長い電磁波は長距離の通信に使われる。波長が長いと回折の性質が強くなり，丸い地球でも回り込んで伝わる。

知識

13. さまざまな電磁波　表中の(　　)にあてはまる数値や語句を答えよ。

名称		波長	用途例
(　1　)線		$\frac{1}{10^{11}}$ m未満	がん治療
X線		$\frac{1}{10^{12}}$ m ～ $\frac{1}{10^{8}}$ m	非破壊検査，(　2　)写真
(　3　)線		$\frac{1}{10^{9}}$ m ～約 $\frac{3.8}{10^{7}}$ m	殺菌，3Dプリンター
可視光線		約 $\frac{3.8}{10^{7}}$ m ～約 $\frac{7.7}{10^{7}}$ m	光学機器，光通信
(　4　)線		約 $\frac{7.7}{10^{7}}$ m ～ $\frac{1}{10^{4}}$ m	熱源，リモコン
電波	マイクロ波	(　5　)m ～ 1m	携帯電話，電子レンジ，レーダー
	超短波	1m ～ 10m	(　6　)ラジオ
	(　7　)波	10m ～ 10^{2}m	船舶無線
	中波	10^{2}m ～ (　8　)m	航空機誘導，AMラジオ
	(　9　)波	10^{3}m ～ 10^{4}m	電波時計

13 → まとめ 1 2 3

(1)
(2)
(3)
(4)
(5)
(6)
(7)
(8)
(9)

思考 記述

14. 電磁波の利用　電子レンジで食品を加熱するしくみを簡潔に記せ。

→ まとめ 1

●教科書 p.148〜155

1 日本列島のなりたち／火山活動と地表の変化／火山災害と防災

学習のまとめ

1 日本列島の景観

日本列島の多様な景観は，大地が(1　　　　)するはたらきと，大気や河川，海水などのはたらきによってできたものである。

プラス+ 日本列島は，夏と冬とで異なる季節風の影響を受ける。

2 日本列島付近のプレートの動き

(2　　　　)…地球表面をおおう厚さ数十〜200km のかたい岩石層。

(2)は，それぞれ異なる方向に，1年間に数cmの速さで動いている。(2)には，大陸地域を含む(3　　　　)と，海洋地域からなる海洋プレートがある。海洋プレートは，(3)よりも(4　　　　)ため，水平方向に移動したのち，(5　　　　)で(6　　　　)の下に沈みこむ。

日本列島は，島々が海溝やトラフに沿って弧状に並ぶ(7　　　　)である。

プラス+ プレートは，地殻とマントルの一部を含み，リソスフェアともよばれる。また，その下側にある流動しやすくやわらかい層は，アセノスフェアとよばれる。

3 火山の噴火，火山の形

地下深くで，岩石の一部が融けてできたものを(12　　　　)という。(12)は深さ数kmのところまで上昇し，(13　　　　)をつくる。(13)の中で(14　　　　)が分離・発泡して圧力が高くなり，地表に噴き出すと火山の噴火となる。火山の噴火によって放出される物質を(15　　　　)という。(15)には，マグマが地表に現れた(16　　　　)のほかに，水蒸気を主成分とする(17　　　　)，火山灰などからなる(18　　　　)がある。

火山の形は，マグマの性質や噴火のようすによって異なる。

マグマの温度	900℃	←→	1200℃
マグマの粘性	(19　　　　)	←→	(20　　　　)
マグマの種類	(21　　　　)	(22　　　　)	(23　　　　)
火山の形	(24　　　　)	(25　　　　)	(26　　　　)

(27　　　　)…およそ過去1万年以内に噴火した火山や，今も噴気活動が見られる火山。

プラス+ 火山砕屑物は，おもに粒子の大きさで分類され，2mm以下のものを火山灰，2〜64mmのものを火山礫，64mm以上のものを火山岩塊という。

4 火山災害と防災

火山噴火の直接的な被害には，火口から噴き出した溶岩が低い地域に向かう流れの(28　　　　)と，火山砕屑物と高温の火山ガスとが混ざり合い，高速で斜面を流れ下りる(29　　　　)がある。

過去の噴火などから，各地方自治体は，地域の被害予測と，避難の場所や経路をまとめた(30　　　　)の作成をすすめている。

練習問題

学習日：　　月　　日／学習時間：　　分

知識
1. 日本列島の特徴　次の①～④のうちから誤っているものを1つ選び，番号で答えよ。
①島弧は，プレートの動きによって形づくられたものである。
②日本列島は，夏と冬とで，異なる季節風の影響を受けている。
③日本列島は，大地の隆起が活発な地域は少なく，平坦な地形が多い。
④河川は，上流では侵食作用によって険しい地形をつくる。

1　まとめ 1 2

知識
2. 日本列島付近のプレートの動き　次の各問いに答えよ。

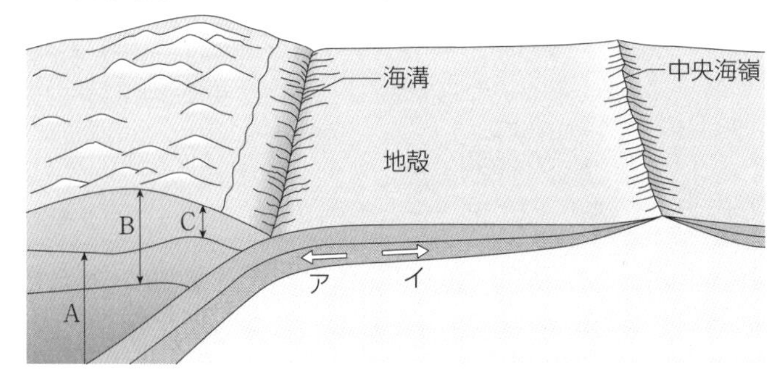

(1)　海洋プレートは，ア，イのどちらの向きに移動しているか。
(2)　大陸プレートを示すのは，図中のA～Cのうちのどれか。
(3)　プレートの上下関係から，海洋プレートと大陸プレートは，どちらが重いと考えられるか。

2　まとめ 2
(1)
(2)
(3)

ヒント　海洋プレートは，中央海嶺から形成されて水平方向に移動し，海溝で大陸プレートの下に沈みこむ。

知識
3. 火山の噴火，火山の形　次の文中の(　　)に適する語句を下の(ア)～(ケ)から選び，記号で答えよ。
　火山の形は，(　1　)や噴火の様式などによって異なる。玄武岩質で粘性の(　2　)マグマが噴出すると，(　3　)が広く流れ出し，傾斜のゆるい(　4　)ができる。安山岩質マグマの噴火では，(　5　)の噴出と(　3　)の流出とがおこり，火口のまわりに交互に重なる。このような噴火がくり返されることによって，円錐形の(　6　)となる。流紋岩質で粘性の(　7　)マグマは，火口の上に盛り上がり，(　8　)をつくる。
(ア)　激しい　(イ)　盾状火山　(ウ)　マグマの性質
(エ)　成層火山　(オ)　溶岩ドーム　(カ)　高い　(キ)　低い
(ク)　火山砕屑物　(ケ)　溶岩

3　まとめ 3

(1)	(2)
(3)	(4)
(5)	(6)
(7)	(8)

知識
4. 日本付近の火山活動　次の説明にあてはまる語句を答えよ。
(1)　島弧に沿う火山分布の海溝・トラフ側の限界線。
(2)　過去1万年以内に噴火した火山や，今も噴気活動が見られる火山。

4　まとめ 3
(1)
(2)

思考　記述
5. 火山の形　盾状火山の傾斜がゆるい理由を，噴出したマグマの粘性に着目して，簡潔に答えよ。

まとめ 3

●教科書 p.156〜159

地震活動と地表の変化／地震災害と防災

学習のまとめ

1 地震の発生

([1] 　　　　)…岩石が破壊されるとき，岩石中のある面をはさむ両側が短時間にずれる。ずれた面を([2] 　　　　)という。

([3] 　　　　)…(2)上で破壊がはじまり，最初に地震波が発生した点。その真上にあたる地表の点を([4] 　　　　)という。

([5] 　　　　)…地震を引きおこした断層。

([6] 　　　　)…最近の数十万年間に活動をくり返し，今後も活動する可能性のある断層。日本には多く存在する。

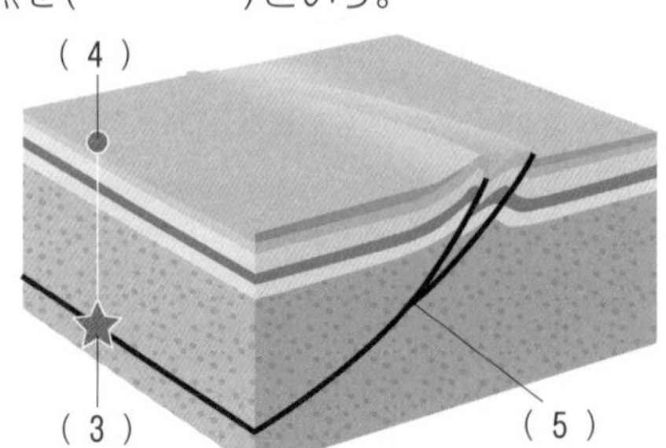

プラス＋ 地震はプレートの動きや火山活動の力によって，岩石が破壊されて発生する。

プラス＋ 大きい地震は，ずれる断層面が大きく，小さい地震では断層面が小さい。

2 震度とマグニチュード

([7] 　　　　)…地震動(地震波による地表面の揺れ)の強さを表す数値。

([8] 　　　　)…地震によって放出される全エネルギーの大きさを表す数値。記号 M で示される。(8)が 1 大きくなると，エネルギーの量は約([9] 　　　　)倍，(8)が 2 大きくなると，エネルギーの量は約([10] 　　　　)倍となる。

プラス＋ 震度は各観測地点における揺れ具合を数値化したもので，計測震度計で測定をしている。

3 日本の地震活動

([11] 　　　　) 地震	プレートとプレートの境界にひずみがたまって発生する地震。マグニチュードが大きく，津波を伴うことが多い。
([12] 　　　　) 地震	大陸プレートの表層部に断層が生じて発生する地震。震源が浅いため(20km以浅)，マグニチュードが小さくても，震度が大きく，震源が都市直下の場合は，特に被害が大きくなる。
([13] 　　　　) 地震	海洋プレート内に破壊が生じて発生する地震。海底で発生すると，津波を引きおこす場合もある。

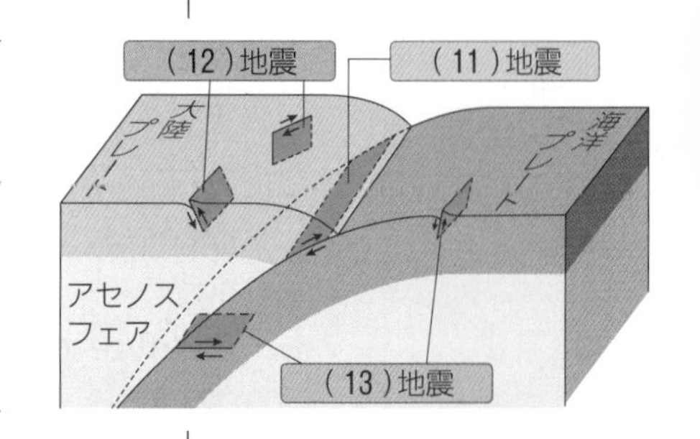

4 地震災害と防災

地震がおこると，地震動によって建造物の倒壊や斜面の崩壊が発生する。また，水を多く含んだ砂が流動化する([14] 　　　　)現象がみられることもある。倒壊した家屋からは([15] 　　　　)が発生することも多い。海洋部での地震では，海底の変動に伴い，([16] 　　　　)が発生することがある。大きい地震が発生すると，ただちに([17] 　　　　)が発表される。

プラス＋ 各地方自治体は，火山噴火だけでなく，地震や津波などについても，ハザードマップを作成している。

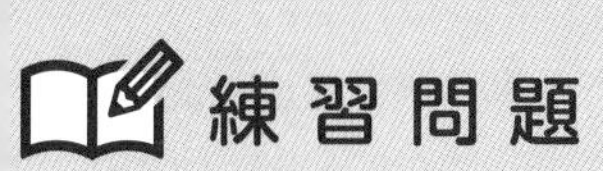

練習問題

学習日：　　月　　日／学習時間：　　分

知識

6. 地震と断層

図の(a)～(c)の名称とその説明を下の語群から選び，記号で答えよ。

【名称】

①震源　②震央

③震源断層

【説明】

④地震を引きおこした断層

⑤地震の発生地点

⑥地震の発生地点の真上の地表

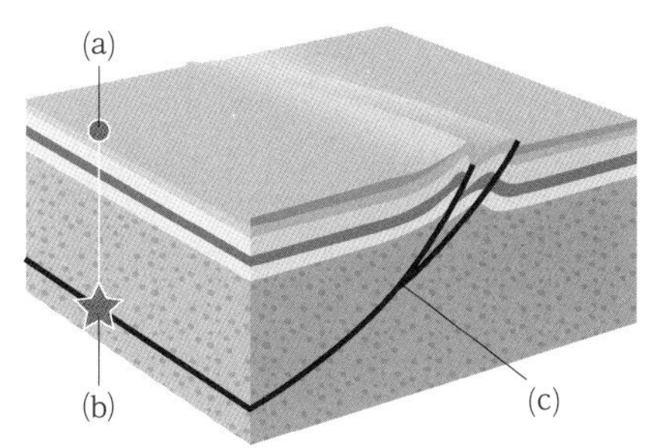

6　まとめ-1

(a)	
(b)	
(c)	

知識

7. 地震の発生

次の①～⑥のうちから誤っているものを3つ選び，番号で答えよ。

①岩石が破壊されるとき，岩石中のある面をはさむ両側が短時間にずれる。

②地震波が発生した点の真上にあたる地表の点を震源という。

③活動をくり返し，今後も活動する可能性のある断層を活断層という。

④マグニチュードが1大きくなると，エネルギーの量は約2倍となる。

⑤地震を引きおこした断層を震源断層という。

⑥地震によって放出されるエネルギーの大きさを表す数値を震度という。

7　まとめ-1 2

知識

8. 日本の地震活動

次の文は，日本列島付近でおこる地震の種類を表している。(1)～(3)に該当する地震をそれぞれ答えよ。

(1)　プレートの境界で発生する。マグニチュードが大きく，津波を伴うことが多い。

(2)　震源が浅いため(20km以浅)，マグニチュードが小さくても，震度は大きくなることが多い。

(3)　海洋プレート内で発生する。海底で発生したものは，津波を引きおこす場合もある。

8　まとめ-3

(1)	
(2)	
(3)	

知識

9. 日本の地震災害と防災

次の(1)～(3)の記述にあてはまる語句をそれぞれ答えよ。

(1)　地震動によって，水を含んだ砂が流動化する現象。

(2)　海洋部でおこる地震に伴い，海底の地盤が大きく隆起したり沈降したりすることで発生する波。

(3)　大きい地震の発生直後に知らされる，揺れの到達時刻や震度の情報。

9　まとめ-4

(1)	
(2)	
(3)	

思考　記述

10. 震度階級

現在，気象庁が定める震度の階級には，10段階が設定されている。これを，「震度0」から小さい順にすべて答えよ。

まとめ-2

第1節 自然景観と自然災害

●教科書 p.160〜163

水のはたらきと地表の変化(1)(2)

学習のまとめ

1 水の流れ

地表に降った雨は(1　　　　)となって流れ下る。地形の急な上流部では，(1)の流速が大きく，水の流れは川底の土砂を(2　　　　)し，(3　　　　)している。平野部に出た河川は，傾斜が急に緩やかになり，流速が小さくなる。水の流れは(3)する力が衰え，川底に礫や砂を(4　　　　)する。さらに下流では，川底に(5　　　)や泥も(4)する。

河川は，(2)，(3)，(4)の3つの作用によって地表を変化させている。

プラス＋
河川は，侵食・運搬・堆積の3つの作用によって，地表を平坦化している。

上流 → → → 下流

速い流れ			ゆるやかな流れ
速い流れによって川底の土砂が動かされ，川底が侵食される。	流れが急に遅くなり，運ばれてきた礫や砂が川底に堆積する。	水に浮かんだり，川底を転がったりして砂や泥が運ばれる。	流れがさらにゆるやかになると，小さな砂や泥も堆積する。

河口からの距離を横軸にし，川底の高さを縦軸にとり，流路の傾斜を示したものを河川の(6　　　　　)という。

プラス＋
日本の河川の縦断曲線は，大陸を流れる河川の縦断曲線に比べて，かなり急になっている。

2 水のはたらきと地表の変化

3 海水のはたらきと地表の変化

(11　　　　)…波が岩石を侵食し，切り立った断崖をつくる。

(12　　　　)…海岸の侵食が続くと，(11)は後退し，海面下に平坦な地形をつくる。

(13　　　　)…海岸の地盤が隆起したり，海面が低下したりして，(12)が海面上にあらわれてできる。

(14　　　　)…海水の流れに運ばれた砂や小石は，海岸に沿って堆積する。

(15　　　)……入り江では，その入り口を閉ざすように砂などが堆積することがある。

プラス＋
海水も侵食・運搬・堆積の3つの作用によって，さまざまな地形を形成している。

プラス＋
海水による侵食作用を海食という。

練習問題

学習日：　　月　　日／学習時間：　　分

知識

11. 河川のはたらき　次の(1)～(4)のうち，正しいものには○，誤っているものには×を記入せよ。

(1)　上流では流れが速く，泥がよく堆積する。

(2)　山地から平地への出口では，流れが急に遅くなり，運ばれてきた礫などが堆積する。

(3)　河川は，侵食・堆積の２つの作用によって地表を変化させている。

(4)　下流では流れがゆるやかになり，小さな砂なども堆積する。

11　→まとめ 1

(1)	(2)
(3)	(4)

知識

12. 河川のはたらきと地表の変化　次の(1)～(4)の記述のうち，下線部が正しいものには○，誤っているものには正しい語句を記入せよ。

(1)　河川の河口では，土砂が堆積して砂州ができる。

(2)　河川の上流では，侵食の力が強く，U字谷ができる。

(3)　河川の流れている平野が隆起したり，海面が低下したりすると，川底を侵食する力が強まり，河川の両側に，海岸段丘ができる。

(4)　河川の流れに運搬されてきた土砂は，山地から平地への出口で堆積し，扇状地をつくる。

12　→まとめ 2 3

(1)
(2)
(3)
(4)

知識

13. 河川のはたらきと地表の変化　次の(1)～(3)の地形の名称をそれぞれ答えよ。また，おもに侵食によってつくられるものには(ア)，おもに堆積によってつくられるものには(イ)の記号を記入せよ。

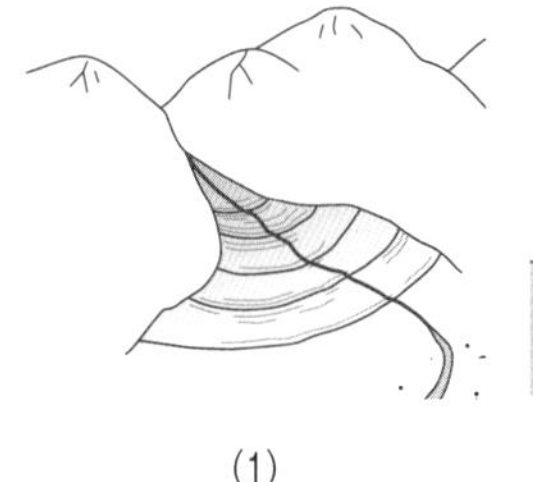

(1)

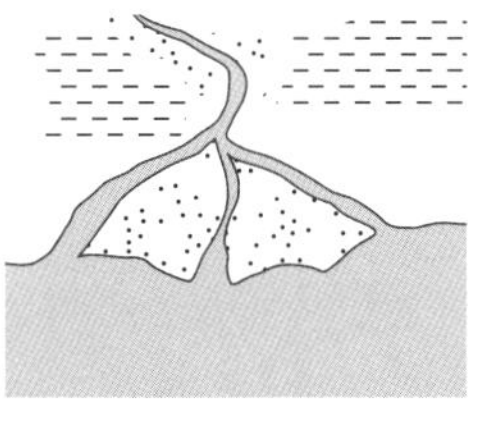

(2)

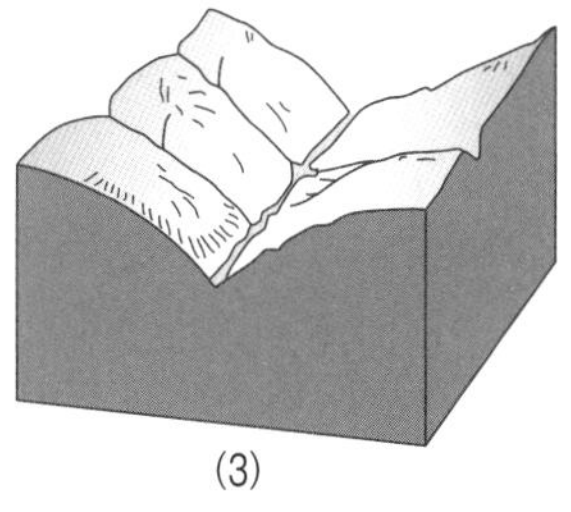

(3)

13　→まとめ 2

(1)	
(2)	
(3)	

知識

14. 海水のはたらきと地表の変化　次の(1)～(3)の地形について，最もあてはまる説明を下の(ア)～(エ)から選び，それぞれ記号で答えよ。

(1)　海岸段丘　　(2)　海食崖　　(3)　海食台

(ア)　海岸の地盤が隆起したり，海面が低下したりして海食台が海面上に現れた地形。

(イ)　海水の流れに運ばれた砂が入り江の入り口を閉ざすように堆積した地形。

(ウ)　波で岩石が侵食されてできる切り立った断崖。

(エ)　海岸の侵食が続くことによって海食崖が後退し，海面下にできる平坦な地形。

14　→まとめ 3

(1)
(2)
(3)

思考　記述

15. 縦断曲線　河川の縦断曲線は，河口に近いほど，どのような形になるか答えよ。

→まとめ 1

気象災害と防災

学習のまとめ

1 豪雪

冬の日本列島は，(1　　　　　)の冬型の気圧配置のもとで，(2　　　　)の季節風が吹く。この風が運ぶ大陸からの冷たく乾いた大気には，日本海の暖かい(3　　　　　)からの水蒸気が供給される。日本列島の中軸部に連なる山脈が，この季節風をさえぎり，日本海側に大量の雪を降らせる。豪雪地帯の積雪は，一晩に1mを超えることもある。

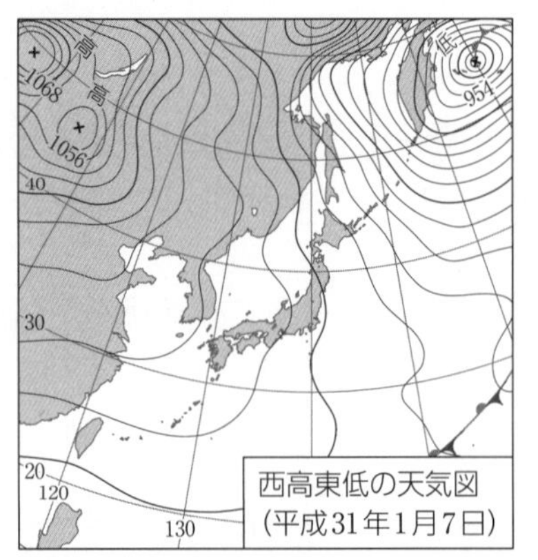

西高東低の天気図
(平成31年1月7日)

プラス＋
著しい災害が発生した顕著な大雪現象を豪雪という。

2 台風

北太平洋西部の低緯度地域で発生した(4　　　　　)のうち，最大風速が17.2m/s以上に発達したものを(5　　　　)という。発生した(5)は，(6　　　　)によって西へ流されながら北上し，中緯度地域では，(7　　　　)の影響を受けて，太平洋高気圧の西側を取りまくように，(8　　　　)へと進路を変える。

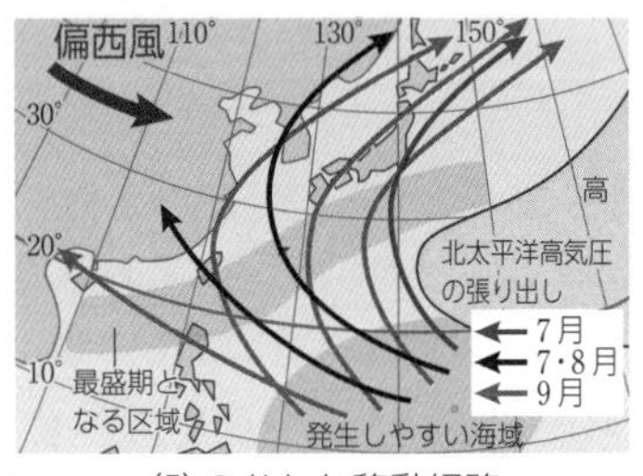

(5)のおもな移動経路

プラス＋
台風は1年に平均26個発生し，約3個が日本に上陸する。

3 集中豪雨

狭い範囲に，短時間で大量に降る雨を(9　　　　　)という。(9)は，同じ場所に(10　　　　)が次々と形成される場合におこりやすく，河川の急激な増水や氾濫などを引きおこす。

プラス＋
近年は，同じ場所に次々と積乱雲が接近する線状降水帯が見られる。

4 土砂災害

(11　　　　)…急斜面で土砂や岩石が一気に崩落する現象。(11)は，集中豪雨や大地震のあとに多く発生する。

(12　　　　)…谷川の源流付近で(11)がおこると，岩石を含む泥水が流れ出し，谷底の土砂や岩石を巻きこみながら，高速で流れ下りる現象。非常に大きい破壊力を示す。

(13　　　　)…広い範囲で，大量の土砂や岩石がゆっくり移動する現象。

プラス＋
日本列島では，毎年のように，大量の降水による土砂災害が発生している。

プラス＋
日本は急斜面が多く，雨も大量に降るので，土砂災害がおこりやすい。

5 防災情報

気象災害が予測されると，各気象台は(14　　　　　)などを発表し，各市町村から避難を求める指示などが出される。

練習問題

学習日：　　月　　日／学習時間：　　分

16. 気象災害　次の①～⑤のうちから誤っているものを2つ選び，番号で答えよ。

①冬季，日本列島の中軸部に連なる山脈は，湿った北西の季節風をさえぎり，日本海側に大量の雪を降らせる。

②台風は，暴風や高潮を招くが，大きな被害をもたらすことはない。

③集中豪雨は，同じ場所に積乱雲が次々と形成される場合におこりやすく，河川の急激な増水などによる被害が生じる。

④台風が秋雨前線に影響をおよぼして，大雨をもたらすことはない。

⑤日本列島には急峻な地形が多く，大量の降水による土砂災害が毎年のように発生している。

16　まとめ 1 2 3 4

17. 台風　次の(1)～(3)の各問いに答えよ。

(1)　北太平洋西部の低緯度地域で発生した熱帯低気圧のうち，台風とよぶのは，最大風速が何 m/s 以上に発達したものか。

(2)　発生して北上した台風は，中緯度地域で，ある風の影響によって，北東へと進路を変える。この風の名称を答えよ。

(3)　台風によって刺激され，大雨を引きおこす前線を何というか。

17　まとめ 2

(1)	m/s
(2)	
(3)	

18. 土砂災害と防災　次の文中の(ア)～(エ)にあてはまる語句の組み合わせとして最も適当なものを下の①～④のうちから選び，番号で答えよ。

(1)　(　ア　)は，谷川の源流付近でがけ崩れがおこると，谷底の土砂や岩石を巻きこみ，高速で流れ下りる現象である。

(2)　急斜面で土砂や岩石が一気に崩落する現象を(　イ　)という。

(3)　土砂災害を防ぐため，治山ダムや(　ウ　)の建設が進められている。

(4)　(　エ　)は，広い範囲で大量の土砂や岩石が移動する現象であり，その速さは比較的遅い。

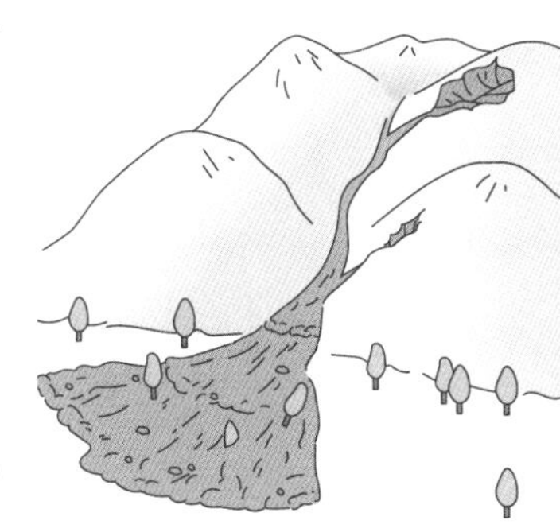

	(ア)	(イ)	(ウ)	(エ)
①	地すべり	溶岩流	防潮堤	土石流
②	火砕流	土石流	防潮堤	地すべり
③	土石流	がけ崩れ	砂防ダム	地すべり
④	集中豪雨	がけ崩れ	砂防ダム	土石流

18　まとめ 4

思考　記述

19. 土砂災害　土砂災害が発生するおもな理由を3つ答えよ。

まとめ 4

第1節　自然景観と自然災害

1

●教科書 p.168〜173

太陽と太陽系／太陽系を構成する天体

学習のまとめ

1 太陽

太陽は(1　　　　　)の中心にあり，直径が地球の約(2　　　　)倍の恒星である。その質量は，地球の約(3　　　　)倍に達し，太陽系の全質量の約99.85％を占める。

太陽を構成するおもな成分は，(4　　　　)である。太陽の中心部では(4)がヘリウムに変化する(5　　　　　)がおこり，莫大なエネルギーが生まれている。このエネルギーは，可視光線などの(6　　　　)として放出されている。

プラス＋ 太陽も自転しているが，赤道と高緯度で自転周期が異なる。

2 太陽系の構成

太陽系には８つの(7　　　　)が存在する。(7)以外には，火星と木星の間に多くが分布する(8　　　　　)，惑星の周りを回る(9　　　　)，海王星の外側の領域にある(10　　　　　　　　)などがある。

プラス＋ 太陽系の惑星の公転軌道は，ほぼ同じ平面上にある。

3 惑星

■地球型惑星と木星型惑星

特徴	地球型惑星	木星型惑星
断面	地殻(岩石) マントル(岩石) 核(金属)	水素(液体) 水素(金属) 岩石・氷
太陽からの距離	近い	(11　　　　)
赤道半径	比較的(12　　　　)	比較的大きい
密度	比較的大きい	比較的(13　　　　)
岩石の表面	もつ	(14　　　　)
環	もたない	(15　　　　)
惑星	水星，(16　　　　)， 地球，(17　　　　)	木星，(18　　　　)， 天王星，海王星

4 惑星・衛星以外の天体

海王星の外側の領域にある(19　　　　　　　　)は，惑星の公転面に沿って(20　　　　)に分布しており、数千個以上見つかっている。冥王星やエリスのように大きい天体もあり，これらは(21　　　　　　)天体ともよばれる。

太陽系には(22　　　　　)とよばれる小さな天体が無数に存在し，その多くは(23　　　　)と木星の間に存在する。

細長い楕円軌道で太陽系のまわりを公転している(24　　　　)は，太陽に近づくと表面からガスや塵を放出し，(25　　　　)をつくる。

プラス＋ 小惑星のかけらが地球に落下したものは隕石とよばれ，南極で多く見つかっている。

練習問題

学習日：　　月　　日／学習時間：　　分

知識
1. 太陽と太陽系の構成
次の①～⑤のうちから誤っているものを２つ選び，番号で答えよ。

①太陽の表面には，周囲よりも温度の低い黒点が見られることがある。
②太陽の直径は，地球の約109倍である。
③太陽系には９つの惑星がある。
④太陽系を構成する天体には，太陽系外縁天体も含まれる。
⑤高温・高圧である太陽の中心部では，核分裂反応がおこっている。

1　→まとめ 1 2

知識
2. 太陽系の構造
次の図中の(1)～(5)にあてはまる語句を答えよ。

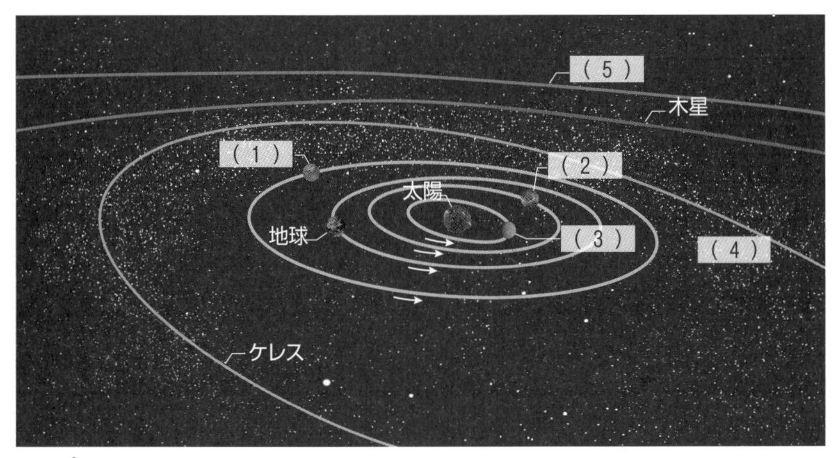

2　→まとめ 2

(1)
(2)
(3)
(4)
(5)

知識
3. 地球型惑星と木星型惑星
次の(1)～(5)のうち，地球型惑星についての説明にはA，木星型惑星についての説明にはBを記入せよ。

(1)　赤道半径が大きい。
(2)　平均密度が大きい。
(3)　表面が水素やヘリウムガスでおおわれている。
(4)　衛星の数が少ない。
(5)　環が存在する。

3　→まとめ 3

(1)	(2)
(3)	(4)
(5)	

知識
4. 地球型惑星
次の(1)～(4)の説明にあてはまる惑星を答えよ。

(1)　大きさは地球の半分ほどで，薄い大気があり，極地方では白いドライアイスが見られる惑星。
(2)　大きさはほぼ地球と同じだが，二酸化炭素の温室効果により表面温度は450℃に達する。また，自転周期が長く243日ある惑星。
(3)　太陽に最も近く，太陽系の惑星の中で最も小さい惑星。
(4)　平均気温は15℃で，液体の水が存在し，太陽系で唯一生命の存在が確認されている惑星。

4　→まとめ 3

(1)
(2)
(3)
(4)

思考 記述
5. 惑星
太陽系に存在する８つの惑星をすべて答えよ。

→まとめ 2

第2節 ● 太陽と地球

●教科書 p.174〜177

太陽と人間生活(1)(2)

学習のまとめ

1 太陽放射と地球放射

([1]　　　　　　)……太陽が([2]　　　　　　)や紫外線，([3]　　　　　　)などの大量のエネルギーを宇宙に放出している現象。(1)のエネルギー量が最大値を示す波長は，(2)の波長領域にある。

([4]　　　　　　)……地球の大気や地表がエネルギーを宇宙に放出している現象。(4)はすべて(3)である。

地球が吸収する太陽放射のエネルギー量と，地球放射のエネルギー量とは等しく，地球の([5]　　　　　　)はつりあっている。

2 温室効果

地球の大気に含まれる([6]　　　　　　)や水蒸気は，地表から放出される赤外線の一部を吸収し，さらに，そのうちの一部を地表に向かって放射する。そのため，地表の温度は，大気がない場合よりも高くなる。このような効果を([7]　　　　　　)という。

プラス＋
温室効果ガスには，二酸化炭素や水蒸気のほかに，メタン，一酸化二窒素，代替フロンなどがある。

3 大気の循環

地球が受け取る太陽放射のエネルギーは，低緯度では([8]　　　　　　)，高緯度では([9]　　　　　　)。そのため，地表から([10]　　　　)km 程度の高さまでの大気が循環し，さまざまな気象現象をおこしている。

低緯度地域…地表の温度が高いため，大気が暖められて，上昇気流が発生し，多くの雲が生じる。この地域を([11]　　　　　　)という。

中緯度地域…(11)で上昇した大気は，中緯度地域で下降し，([12]　　　　　　)を形成する。

高緯度地域…高緯度では太陽放射のエネルギーが少ないので，冷たい大気が下降し，([13]　　　　　　)ができている。

地表においては，(12)から(11)へ向かう風が吹いており，([14]　　　　　　)という。

(12)から高緯度へは([15]　　　　　　)が吹いており，南北に蛇行している。この地域の上空では風速の大きい部分があり，([16]　　　　　　)とよばれている。また，(13)から低緯度に向かう風を([17]　　　　　　)という。

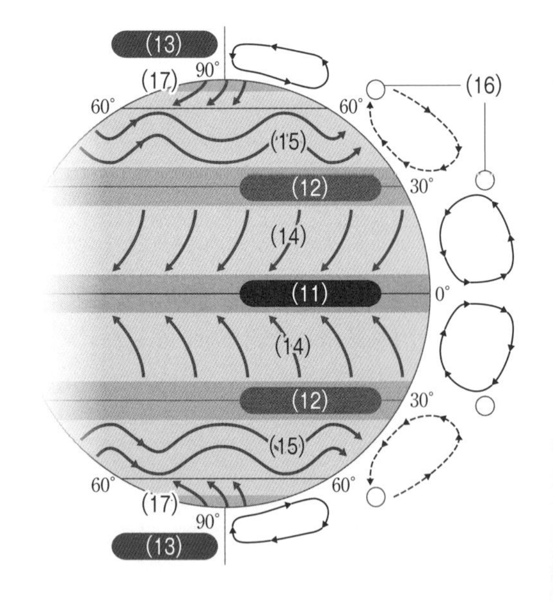

■高気圧と低気圧

周囲よりも気圧の高い領域を([18]　　　　　　)といい，一般に天気がよい。一方，周囲よりも気圧の低い領域を([19]　　　　　　)といい，一般に天気が悪い。

知識

6. 太陽放射 次の①～④で誤っているものを２つ選び，番号で答えよ。

①太陽は，可視光線や赤外線，紫外線などを宇宙空間に放出している。
②太陽放射のエネルギー量が最大値を示すのは，赤外線の波長領域である。
③太陽がなくても，地球上のほとんどの生命は活動が可能である。
④地球の大気の上端に届く太陽放射のエネルギーのうち，約30％は大気や雲，地表によって反射される。

6 →まとめ 1

知識

7. 地球放射 次の各問いに答えよ。

(1) 地球の大気や地表がエネルギーを宇宙に放出する現象を何というか。
(2) 地球の大気に含まれる気体のうち，赤外線を吸収するものはどれか。次のうちから２つ選び，記号で答えよ。
(ア) 窒素 (イ) 水蒸気 (ウ) 酸素 (エ) 二酸化炭素
(3) 大気が赤外線を吸収していないと考えられるのは，次の図(ア)，(イ)のどちらか。記号で答えよ。
(4) 赤外線を吸収し，温室効果をもたらす気体を何というか。

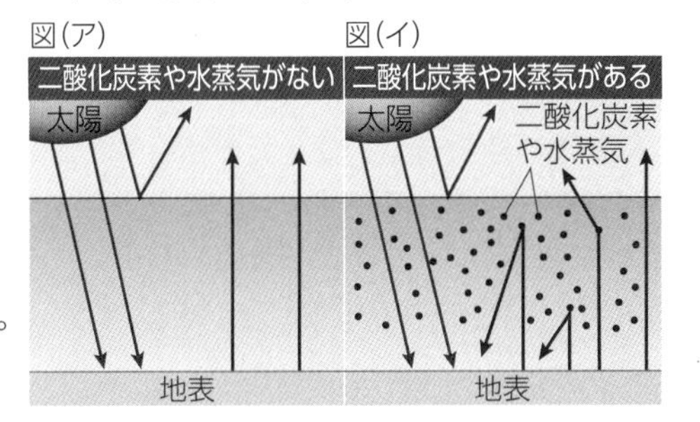

7 →まとめ 1 2
(1)
(2)
(3)
(4)

知識

8. 緯度で異なる太陽放射のエネルギー 次の(1)～(3)が正しければ○，誤っていれば×をそれぞれ記入せよ。

(1) 赤道付近は，極付近よりも受ける太陽放射のエネルギーが少ない。
(2) 地球が受け取る太陽放射のエネルギーの量は，緯度によって大きく異なるため，緯度による気温の違いが生じる。
(3) 赤道付近では受けるエネルギーの方が放出エネルギーよりも多いので，気温が高い。

8 →まとめ 3
(1)
(2)
(3)

知識

9. 大気の循環 次の各問いに答えよ。

(1) 図中のａの地域では，地表の温度が高く，上昇気流が発生する。このａの地域を何というか。
(2) 亜熱帯高圧帯とａの間の地表において，赤道に向かって吹く風ｂを何というか。

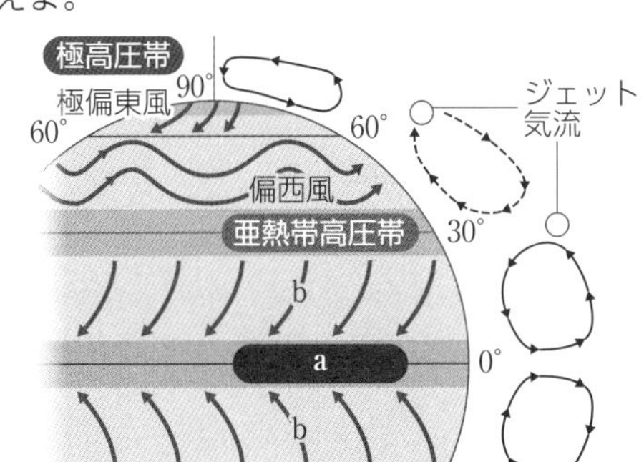

9 →まとめ 3
(1)
(2)

思考 記述

10. 高気圧と低気圧 高気圧と低気圧のそれぞれの中心部における気流の向きには，どのような違いがあるか。

→まとめ 3

第２節 ● 太陽と地球

3 天体の動き

学習のまとめ

1 天球

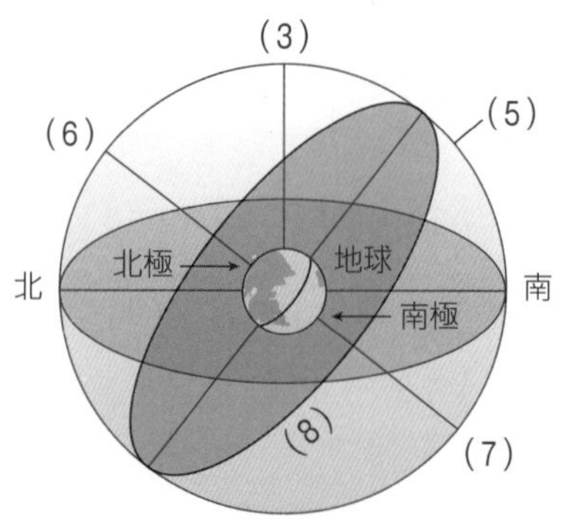

太陽などの動きを観測するとき，星を散りばめた丸天井を仮定する。これを(1)という。(1)は(2)を中心として，地球の大きさを無視できるほどの大きな球と考える。観測者を通る鉛直線が上方で(1)と交わる点を(3)といい，観測者を通る鉛直線に垂直な平面が天球と交わる大円を(4)という。また，(3)，真北，真南を通る大円を(5)という。

(6)…地球の自転軸を北へ延長して(1)と交わる点
(7)…地球の自転軸を南へ延長して(1)と交わる点
(8)…地球の赤道面の延長が(1)と交わる大円

プラス＋
天球を模したものとしてプラネタリウムがある。

プラス＋
球面と球の中心を通る平面とが交わってできる円を大円という。

2 日周運動

太陽や恒星は東から西へ移動する。このようなほぼ1日の周期でおこる天体の動きを(9)という。これは地球が自転していることによって見える運動で，(6)と(7)を結ぶ線を軸として，天球が(10)から(11)へ回転しているように見える。

■北半球で観測される日周運動

北半球で，天体が天の子午線を東から西へ通過するときを(12)といい，そのときの高度を(13)という。

天の北極に近い天体のうち，地平線に沈まずに回転する星を(14)という。

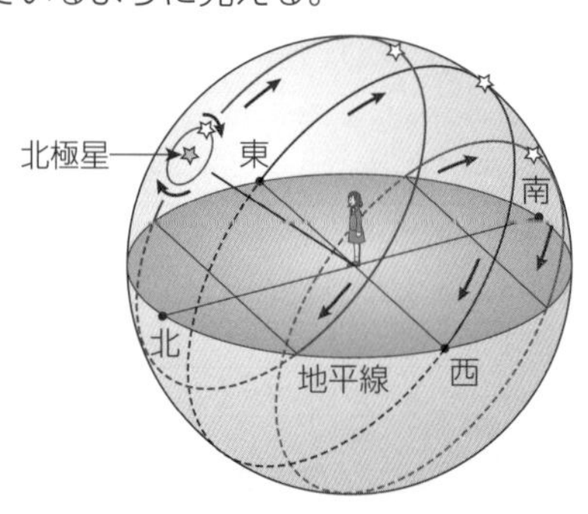

北半球の中緯度地域における日周運動

プラス＋
日周運動による天体の動きは，観測する向きで異なる。

3 太陽の日周運動

太陽が地平線上に出ている時間は，各観測地点において，季節に応じて変化する。太陽が南中してから，次に再び南中するまでの時間を(15)といい，1年で南中時刻が最大15分程度ずれる。これは地球の公転軌道が(16)であること，自転軸が公転面に対して(17)ことからおこる。

1日の長さは，天の赤道上を一定の速さで動く太陽を仮想し，その南中から次の南中までの時間を(18)時間としている。これを(19)という。

知識
11. 天球 次の①～③の記述のうちから誤っているものを1つ選び，番号で答えよ。
①観測者を通る鉛直線が上方で天球と交わる点を天頂という。
②地球の自転軸を北へ延長して天球と交わる点を天の北極という。
③天頂，真東，真西を通る大円を天の子午線という。

11 まとめ 1

知識
12. 天球 次の文と図の(　　)内にあてはまる語句を記入せよ。
星や太陽などの動きを観測するとき，数多くの星を散りばめた，右図のような巨大な丸天井を仮定する。この丸天井を(　1　)という。
また，観測者を鉛直線が上方で(　1　)と交わる点を(　2　)といい，(　2　)，真北，真南を通る大円を(　3　)という。

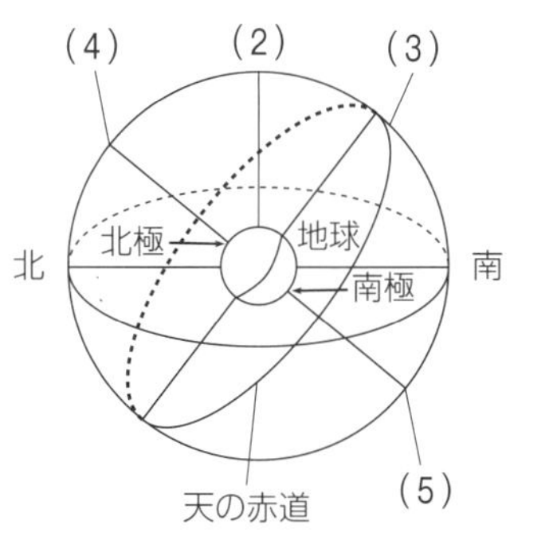

12 まとめ 1
(1)
(2)
(3)
(4)
(5)

知識
13. 日周運動 次の各問いに答えよ。
(1) 北半球で，天体が天の子午線を東から西に通過するときを何というか。
(2) 天の北極に近い星で，地平線よりも下に沈まない星を何というか。
(3) 図(ア)，(イ)は，北半球の中緯度地域の観測者から見た日周運動のようすである。観測者が向いている方位は，それぞれ東，西，南，北のいずれか。また，星はそれぞれa，bのうちのどちらの向きに動くか。

図(ア)　図(イ)
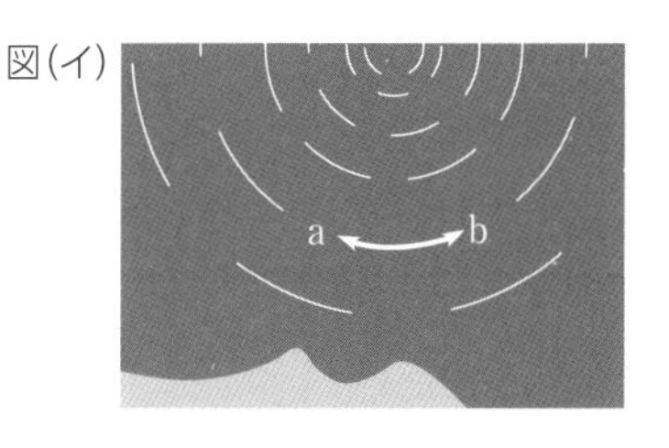

13 まとめ 2
(1)
(2)
(3) 図(ア)
図(イ)

知識
14. 太陽の日周運動 視太陽日が平均太陽日とずれる原因になっているものを2つ選び，番号で答えよ。
①地球の公転軌道が楕円である。
②地球の自転周期が一定でない。
③自転軸が公転面に対し傾いている。
④恒星の固有な運動である。

14 まとめ 3

思考 記述
15. 日周運動 日周運動による天体の動きは，観測する向きで異なる。日本において，東の地平線付近の天体はどのように動くか。

まとめ 2

●教科書 p.180〜185

太陽と月の動き(1)(2)／太陽の動きと太陽暦

学習のまとめ

1 太陽の年周運動

太陽の(1　　　　　)…太陽が天球上を1日に約1°ずつ西から東へ移動し，1年で天球上を1周する運動。

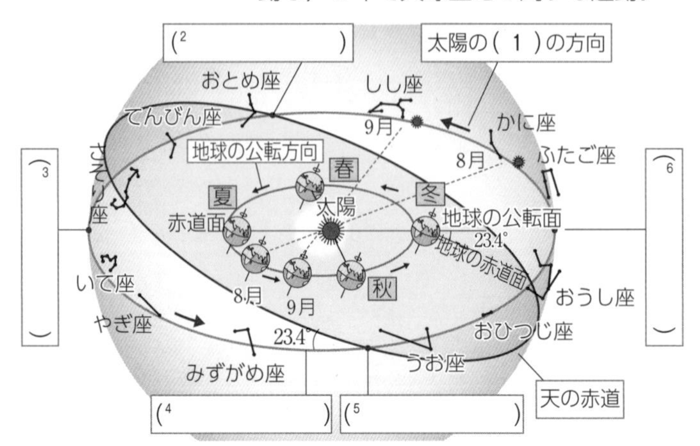

プラス＋
占星術に用いられる星座は，太陽がその月にその星座の位置に見えることから決められたが，現在は1ヶ月ほどずれてしまった。

プラス＋
太陽が春分点を通過し，再び次の春分点を通過するまでの時間を1太陽年という。1太陽年は，およそ365.24日である。

2 月の動きと形の変化

月は太陽の光を受けながら，地球のまわりを公転している。そのため，新月から，(7　　　　)，満月，(8　　　　)を経て新月へと，約1ヶ月で満ち欠けを繰り返す。この周期を(9　　　　)という。

新月のとき，太陽，月，地球が一直線に並ぶと(10　　　　)がおこる。

満月のとき，太陽，地球，月が一直線に並ぶと(11　　　　)がおこる。

3 潮汐

(12　　　　)…1日のうちで海面の高さが周期的に変化する現象。

海面が最も高いときを(13　　　　)，低いときを(14　　　　)という。(13)，(14)の時刻は毎日少しずつずれ，干満の差も変化する。この差が最も大きいときを(15　　　　)，小さいときを(16　　　　)という。

プラス＋
潮汐は，月や太陽が地球におよぼす引力などによって生じる。

4 太陽の動きと太陽暦

月の満ち欠けをもとにつくられた暦を(17　　　　)，太陽が星座の中を1周する周期からつくられた暦を(18　　　　)という。古代ギリシャや中国などでは，(17)と(18)を組みあわせた(19　　　　)が使われていた。

1年を365日とした暦では，太陽の動きと暦の日付がずれてくるため，(20　　　)年に1度の割合で，1年を366日とする(21　　　　)をおくようになった。その後，まだ太陽の動きと日付がずれてくるため，400年に(22　　　)回の(21)をおく暦に改めた。これを(23　　　　)といい，現在，世界中の多くの国で採用されている。

プラス＋
日本では，1872年に近代化を進める明治政府によって，旧暦(太陰太陽暦)から新暦(太陽暦のグレゴリオ暦)に改めた。

練習問題

学習日：　　月　　日／学習時間：　　分

知識
16. 太陽の年周運動　次の記述のうちから，太陽の年周運動に関係するものをすべて選び，番号で答えよ。
①太陽が南中し，翌日に再び南中するまでの時間を視太陽日という。
②太陽が春分点を通り，次に春分点を通るまでの時間を１太陽年という。
③太陽は，黄道上を移動する。
④太陽は，東から出て西に沈む。
⑤太陽は，天球上を１日に約１°ずつ西から東へ移動する。

知識
17. 月の動きと形の変化　次の(1)～(4)のうち，下線部が正しいものには○，誤っているものには正しい語句を記入せよ。
(1)　地球から見える月の満ち欠けの周期を朔望月という。
(2)　地球から見える月が満ち欠けするのは，太陽の光とは関係がない。
(3)　地球から見える月は，新月から下弦の月，満月へと満ちていく。
(4)　太陽－月－地球が一直線に並んだとき，月食になる。

知識
18. 潮汐　次の各問いに答えよ。
(1)　潮汐は，月や太陽が地球におよぼす力が影響している。この力を何というか。
(2)　１日のうち，海面が最も高くなるときを何というか。
(3)　(2)と最も低くなるときの差を干満差という。これが最も大きくなるときを何というか。
(4)　(3)が小さくなるとき，月の位置は太陽に対して何度になっているか。

知識
19. 太陽暦　次の①～⑤のうちから誤っているものをすべて選び，番号で答えよ。
①ユリウス暦は，１年を365.25日とするため，太陽年とは64年でほぼ１日ずれる。
②グレゴリオ暦では，400年に97回のうるう年をおくように改めた。
③グレゴリオ暦では，西暦年数が100で割り切れないとき，４で割り切れればうるう年とする。
④グレゴリオ暦では，西暦年数が100で割り切れるとき，100で割った値がさらに４で割り切れればうるう年とし，割り切れなければ，うるう年としない。
⑤グレゴリオ暦と太陽年との差は，400年に1.2日となる。

思考　記述
20. 潮汐　大潮から次の大潮まではおよそ何日あるか。また，その日数になる理由を答えよ。

まとめ 3

16　まとめ 1

17　まとめ 2

(1)
(2)
(3)
(4)

18　まとめ 3

(1)
(2)
(3)
(4)

19　まとめ 4

付録 1 化学の基本事項と化学結合のまとめ

❶物質の分類

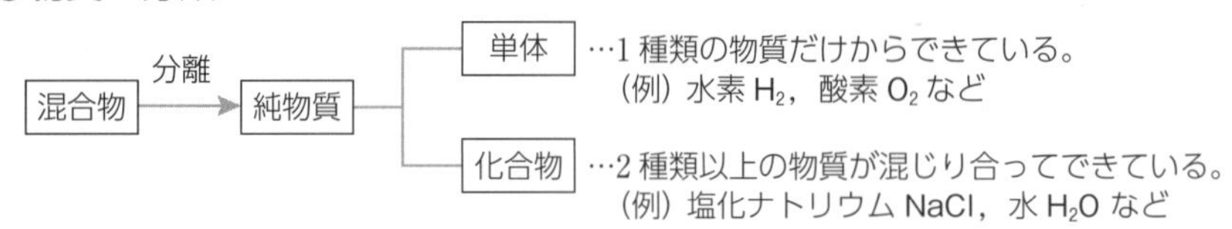

❷物質のなりたち

▶原子の構造

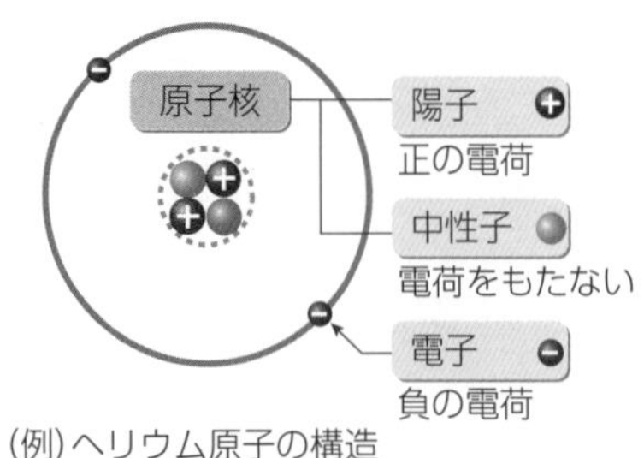

(例) ヘリウム原子の構造

▶原子の表し方

Na

1 文字目は大文字　2 文字目は小文字

(例) ナトリウム原子

元素記号は，アルファベットの「大文字 1 字」または「大文字 1 字と小文字 1 字」で表されます。

❸分子を形成する結合

▶分子…いくつかの原子が結びついてできたもの。分子は，構成原子を元素記号で示し，その数を右下に添えた分子式で示される。

▶共有結合…原子が電子を出し合い，電子を共有して生じる結合。

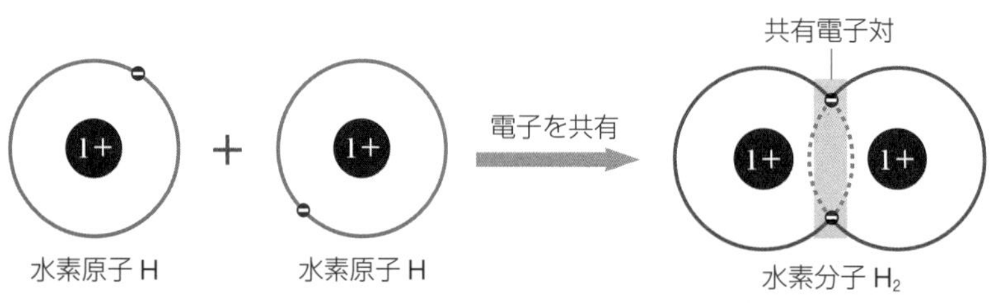

▶分子式の表し方

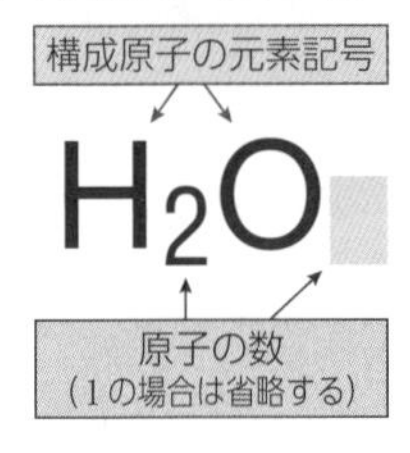

▶結合に用いられる共有結合の数

単結合：1 組(電子 2 個)　二重結合：2 組(電子 4 個)　三重結合：3 組(電子 6 個)

▶高分子…非常に多くの原子が結合してできた分子　(例) ポリエチレン，ナイロン　など

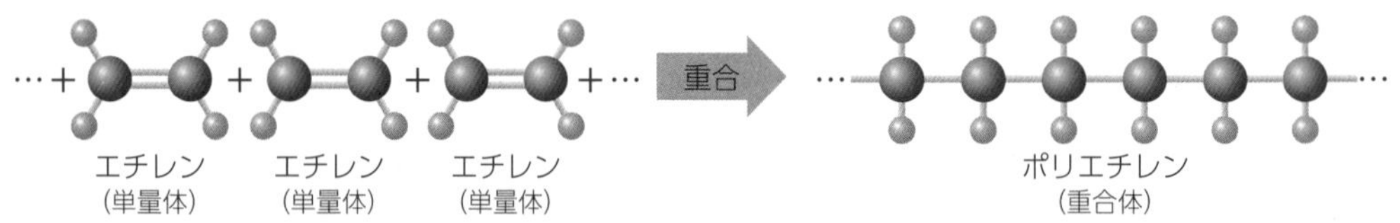

❹イオンとイオン結合

▶イオン…原子は電気的に中性であるが，電子を失うと，正の電気を帯びた陽イオン，電子を受け取ると，負の電気を帯びた陰イオンになる。

▶イオン式の表し方　**▶イオン結合**…陽イオンと陰イオンとの間の，静電気力による結合。

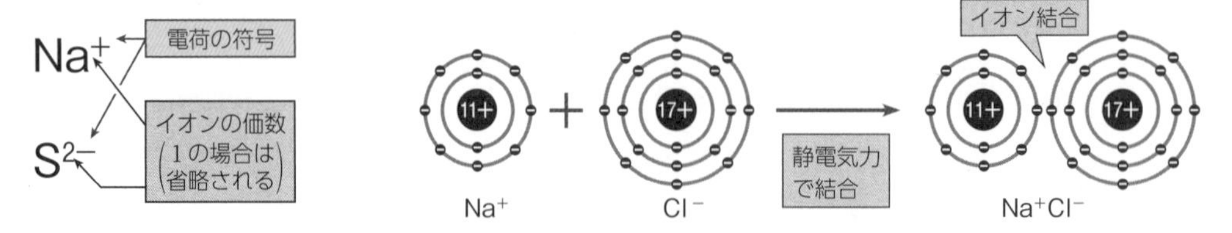

付録 2 数値の取り扱い

❶大きい数値と小さい数値

光は，1秒間に約300000000 m進む。また，原子には，その直径がおよそ0.0000000005 mのものもある。

このように，理科では，非常に大きい数値や，非常に小さい数値を取り扱う場合がある。このとき，これらの数値をそのままの形で扱おうとすると，0の数を書きまちがえたり，読みまちがえたりしやすい。そこで，扱いやすくするため，指数を用いて，位取りの0を10^nの形[1]で示すことが多い。

$$\underbrace{300000000}_{0が8個}\ \mathrm{m} = 3\times10^{8}\ \mathrm{m}$$

$$\underbrace{0.0000000005}_{0が10個}\ \mathrm{m} = 5\times10^{-10}\ \mathrm{m}$$

❶$10^n$の部分を10の累乗（るいじょう）という。指数(n)は，正の整数のほか，0や負の整数の場合にも定められる。$10^0 = 1$

❷指数の計算

指数の計算には，次の関係を用いる。

$$10^{m} \times 10^{n} = 10^{m+n}$$

$$10^{m} \div 10^{n} = 10^{m-n}$$

【練習問題】

1．次の数値をそれぞれ □$\times10^n$ の形で表せ。

(1) 地球一周分の長さ 40000000 m

(2) 小さな紙片の質量 0.005 g

2．次の指数の計算をせよ。

(1) $10^2 \times 10^3$　(2) $2 \times 10^3 \times 3 \times 10^{-4}$

(3) $\dfrac{10^5}{10^2}$　(4) $\dfrac{10^5}{10^{-2}}$

(5) $2 \times 10^5 \times 0.004$　(6) $\dfrac{15\times10^{-5}}{3\times10^{-2}}$

1

(1)	m
(2)	g

2

(1)
(2)
(3)
(4)
(5)
(6)

解答

1．(1) 4×10^7 m　(2) 5×10^{-3} g

2．(1) 10^5　(2) 6×10^{-1}　(3) 10^3　(4) 10^7　(5) 8×10^2　(6) 5×10^{-3}

付録 3 天気予報の用語

❶時間に関係する用語

朝晩	午前0時頃から午前9時頃までと，18時頃から24時頃まで。
朝夕	午前0時頃から午前9時頃までと，15時頃から18時頃まで。
一時	現象が連続的❶におこり，その現象の発現期間が予報期間の1/4未満のとき。
時々	現象が断続的❷におこり，その現象の発現期間の合計時間が予報期間の1/2未満のとき。
のち	予報期間内の前と後で現象が異なるとき，その変化を示すときに用いる。
次第に	ある現象が(順を追って)だんだんと変わるときに用いる。
はじめ(のうち)	予報期間のはじめの1/4ないし1/3くらい。

❶連続的：現象の切れ間がおよそ1時間未満。
❷断続的：現象の切れ間がおよそ1時間以上。

▶季節

月	3	4	5	6	7	8	9	10	11	12	1	2
		春			夏			秋			冬	

▶1日の時間細分図

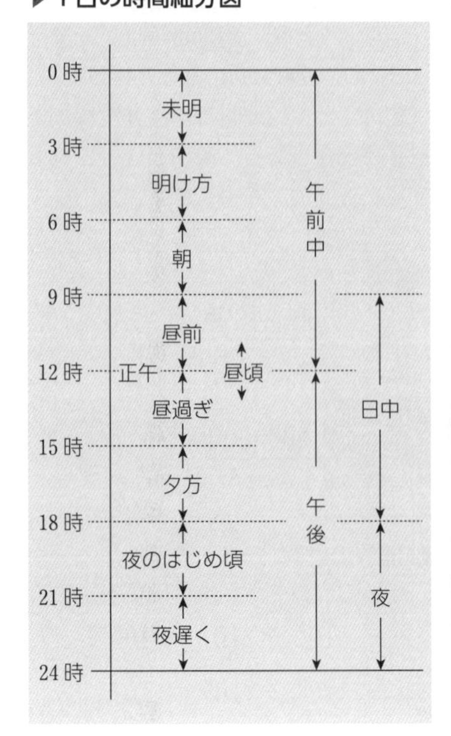

❷気温に関係する用語

寒波	主として冬期に，広い地域に2～3日，またはそれ以上にわたって顕著な気温の低下をもたらすような寒気が到来すること。
残暑	立秋(8月8日頃)から秋分(9月23日頃)までの間の暑さ。
冬日	日最低気温が0℃未満の日。
真冬日	日最高気温が0℃未満の日。

夏日	日最高気温が25℃以上の日。
真夏日	日最高気温が30℃以上の日。
猛暑日	日最高気温が35℃以上の日。
熱帯夜	夜間の最低気温が25℃以上のこと。 ※気象庁の統計種目にはない。

❸風に関係する用語

風向	風の吹いてくる方向。
(南よりの)風	風向が(南)を中心に(南東)から(南西)の範囲でばらついている風。東，西，南，北の4方向にのみ用いる。
風速	10分間平均風速を指し，毎秒○.○mまたは○.○m/sと表す。

風の強さ	平均風速〔m/s〕	およその時速	人への影響
やや強い風	10以上15未満	～50 km	風に向かって歩きにくい。
強い風	15以上20未満	～70 km	風に向かって歩けない。
非常に強い風	20以上25未満	～90 km	何かにつかまっていないと立っていられない。
	25以上30未満	～110 km	
猛烈な風	30以上35未満	～125 km	屋外での行動はきわめて危険。
	35以上40未満	～140 km	
	40以上	140 km～	

新課程版 ネオパルノート科学と人間生活

2022年１月10日　初版　　第１刷発行
2025年１月10日　初版　　第４刷発行

編　者　第一学習社編集部

発行者　松本　洋介

発行所　株式会社　第一学習社

広島：広島市西区横川新町７番14号　〒733-8521　☎ 082-234-6800
東京：東京都文京区本駒込５丁目16番７号　〒113-0021　☎ 03-5834-2530
大阪：吹田市広芝町８番24号　〒564-0052　☎ 06-6380-1391

札　幌 ☎ 011-811-1848　仙台 ☎ 022-271-5313　新　潟 ☎ 025-290-6077
つくば ☎ 029-853-1080　横浜 ☎ 045-953-6191　名古屋 ☎ 052-769-1339
神　戸 ☎ 078-937-0255　広島 ☎ 082-222-8565　福　岡 ☎ 092-771-1651

訂正情報配信サイト　47115-04
利用に際しては，一般に，通信料が発生します。

https://dg-w.jp/f/fcf84

47115-04

ISBN978-4-8040-4711-9

■落丁，乱丁本はおとりかえいたします。

ホームページ
https://www.daiichi-g.co.jp/

科学の歴史

		17世紀	18世紀
化学分野	▶紀元前400頃 デモクリトス（ギリシャ） 原子説を提唱 ▶ 3～17世紀 錬金術が隆盛	▶1643　トリチェリー（伊）　大気圧の測定 ▶1660　ボイル（英）　元素の定義 真空 約760 mm 大気圧	▶1774　ラボアジエ（仏） 質量保存の法則 ▶1787　シャルル（仏） シャルルの法則 
生物分野	▶紀元前350頃 アリストテレス（ギリシャ） 生物の分類法を提示 	▶1665　フック（英）　コルクの薄片で細胞を発見 ▶1674　レーウェンフック（オランダ） 顕微鏡で微生物を発見 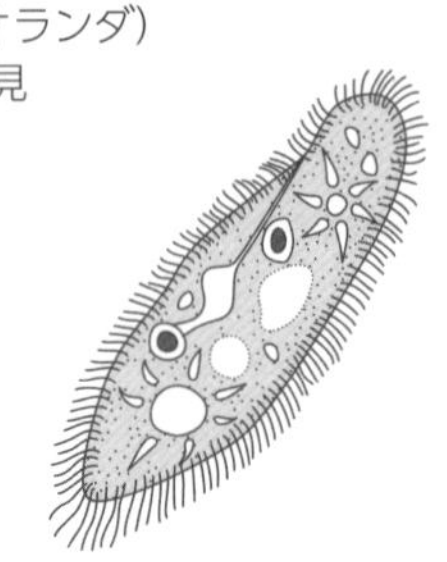	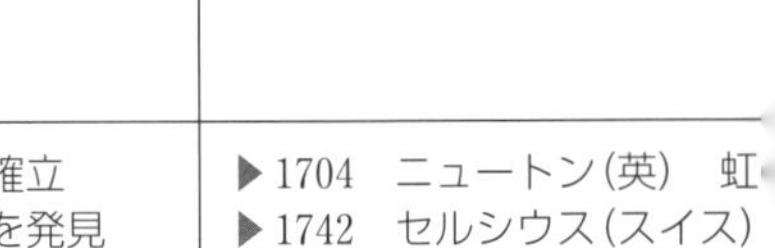 ▶1772　プリーストリー（ベル 植物が酸素を発生す ▶1796　ジェンナー（英）　種
物理分野	▶紀元前600頃 タレス（ギリシャ） 琥珀の摩擦電気を発見 ▶紀元前250頃 アルキメデス（ギリシャ） 浮力の原理を発見 ▶1269　ペリグリヌス（仏） 磁石のN極・S極を発見 ▶1583　ガリレイ（伊） 振り子の等時性を発見	▶1600　ギルバート（英）　電磁気学の基礎を確立 ▶1626　スネル（オランダ）　光の屈折の法則を発見 ▶1643　デカルト（仏）　運動量保存の法則を発見 ▶1653　パスカル（仏）　パスカルの原理を発見 ▶1660　フック（英）　フックの法則を発見 ▶1687　ニュートン（英） 運動の 3 法則・万有引力を発見	▶1704　ニュートン（英）　虹 ▶1742　セルシウス（スイス） セルシウス温度目盛 ▶1733　デュフェイ（仏）　電 ▶1751　フランクリン（米） 雷が電気であること ▶1761　ブラック（英）　比熱 ▶1765　ワット（英）　蒸気機 ▶1798　キャベンディシュ（英 ▶1798　ランフォード（米）
地学分野	▶紀元前120頃 プトレマイオス（エジプト） 天動説を発表 ▶1543　コペルニクス （ポーランド） 地動説を提唱 ▶1582　グレゴリオ13世 （ローマ法王） グレゴリオ暦を制定	▶1609　ガリレイ（伊） 屈折望遠鏡を作成 ▶1609　ケプラー（独） ケプラーの法則を発見 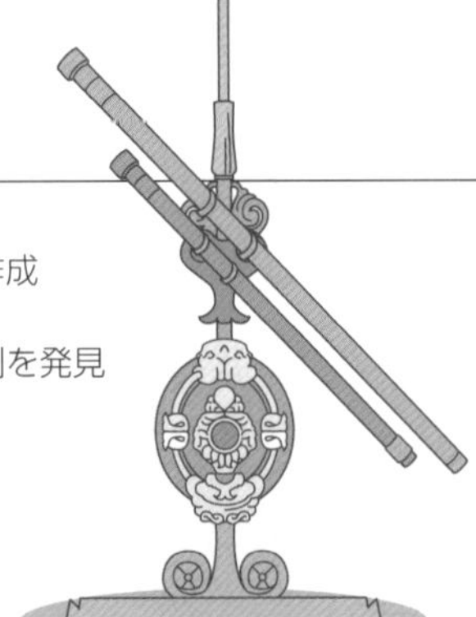	▶1705　ハレー（英） 周期彗星を発見 ▶1781　ハーシェル（英） 天王星を発見 ▶1790　ウェルナー（独） 岩石の水成説を提唱
		1600年	1700年
日本のようす	室町時代／安土桃山時代 ▶1543　鉄砲伝来（種子島） ▶1573　室町幕府滅亡 ▶1590　印刷機が伝わる	江戸時代 ▶1603　徳川家康が江戸幕府を開く ▶1615　大阪夏の陣（豊臣氏滅亡） ▶1639　ポルトガル船来航禁止 ▶1600年代半ば　各地に寺子屋がおこる ▶1689　渋川春海　天文台を設置	▶1702　赤穂浪士の討ち入り ▶1754　山脇東洋　初の死体 ▶1774　杉田玄白　『解体新 ▶1776　平賀源内　エレキテ ▶1700年代末　藩校が多くで

国名の略称

米→アメリカ	独→ドイツ
英→イギリス	伊→イタリア
仏→フランス	露→ロシア